福建省高等职业教育农林牧渔大类十二五规划教材

水产动物疾病防治技术实训

（第二版）

主　　编　林祥日（厦门海洋职业技术学院）

编写人员　涂传灯（厦门海洋职业技术学院）

黄永春（集美大学水产学院）

林　楠（福建省水产技术推广总站）

厦门大学出版社 XIAMEN UNIVERSITY PRESS　国家一级出版社　全国百佳图书出版单位

图书在版编目(CIP)数据

水产动物疾病防治技术实训 / 林祥日主编. -- 2 版.
厦门 : 厦门大学出版社, 2024. 8. --(福建省高等职业教育农林牧渔大类十二五规划教材). -- ISBN 978-7-5615-9488-9

Ⅰ. S94

中国国家版本馆 CIP 数据核字第 2024DA2847 号

总 策 划　宋文艳
责任编辑　陈进才
美术编辑　李嘉彬
技术编辑　许克华

出版发行　厦门大学出版社
社　　址　厦门市软件园二期望海路 39 号
邮政编码　361008
总　　机　0592-2181111　0592-2181406(传真)
营销中心　0592-2184458　0592-2181365
网　　址　http://www.xmupress.com
邮　　箱　xmup@xmupress.com
印　　刷　厦门市金凯龙包装科技有限公司

开本　787 mm×1 092 mm　1/16
印张　11
字数　275 千字
印数　1～2 000 册
版次　2012 年 6 月第 1 版　2024 年 8 月第 2 版
印次　2024 年 8 月第 1 次印刷
定价　37.00 元

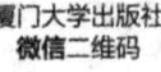

厦门大学出版社
微信二维码

厦门大学出版社
微博二维码

本书如有印装质量问题请直接寄承印厂调换

前　言

党的二十大报告对“推动绿色发展，促进人与自然和谐共生”进行部署，强调“必须牢固树立和践行绿水青山就是金山银山的理念，站在人与自然和谐共生的高度谋划发展”。推广水产绿色健康养殖技术，实现水产品质量安全与环境安全尤为重要。

本教材再版是在《水产动物疾病防治技术实训》第一版基础上，结合水生物病害防治员国家职业资格标准、水产养殖病害的最新研究成果、各位编者从事水产病害科研、教学的积累和实践经验以及使用过程中收集整理的意见和建议重新修订而成的。该实训教材是《水产动物疾病防治技术》的配套教材，两者既相互独立，又是统一整体，内容的取舍各有侧重，避免重复。

本教材包括四个模块共二十一个实训。模块一为水产动物疾病的预防，包括水质快速检测、常用渔药种类识别与质量鉴别、渔用药物一般鉴别试验、漂白粉有效氯的简易测定、养殖水体测量和用药量的计算、消毒药物的配制与消毒技术、组织浆灭活疫苗的简易制备及使用；模块二为水产动物疾病的诊断，包括培养基的制备、致病菌的分离与培养、显微镜的使用与细菌形态的观察、药物敏感性试验、水产动物疾病的常规检查与诊断、主要寄生虫（鞭毛虫、孢子虫、纤毛虫、吸管虫、单殖吸虫、复殖吸虫、绦虫线虫、棘头虫和甲壳动物）形态观察；模块三为水产动物病原标本的收集和保存，包括常用试剂、固定剂、染色剂和封固剂的配制以及病原标本的收集、保存与染色等；模块四为水产动物疾病综合实训，包括人工感染回归试验。

本教材编写分工：模块一由林祥日（厦门海洋职业技术学院）编写；模块二的实训八至实训九、实训十一由涂传灯（厦门海洋职业技术学院）、黄永春（集美大学水产学院）、林楠（福建省水产技术推广总站）编写；模块二的实训十、实训十二至实训十八由林祥日编写；模块三由林祥日编写；模块四由涂传灯编写；前言与附录由林祥日、黄永春编写；参考文献由林祥日编写。本教材由林祥日负责统稿并整理完成。

本教材操作性和实用性突出，可供高等职业教育水产养殖技术、水族科学与技术、现代水产养殖技术专业及相关专业学生使用，可作为水生物病害防治员国家职业技能等级证书培训考核的参考资料，也可作为水产相关行业主管部门和企业管理人员、技术人员的参考书。

本教材在编写、修订过程中，得到了同行专家的帮助，在此谨致以衷心的感谢！由于编者的水平所限，教材中不足之处在所难免，敬请广大读者批评指正。

编　者

2024 年 8 月

目　录

模块一　水产动物疾病的预防

模块四　水产动物疾病综合实训

模块一

水产动物疾病的预防

实训一

水质快速检测

1.1 目标

掌握水中溶解氧、pH 值、氨氮、硫化氢和亚硝酸盐等理化指标的快速检测方法。

1.2 实训材料与方法

1.2.1 材料

各种待测水样，如池水。

1.2.2 试剂

溶解氧、pH 值、氨氮、硫化氢和亚硝酸盐等快速测试盒（见图 1-1、图 1-2、图 1-3、图 1-4、图 1-5）。

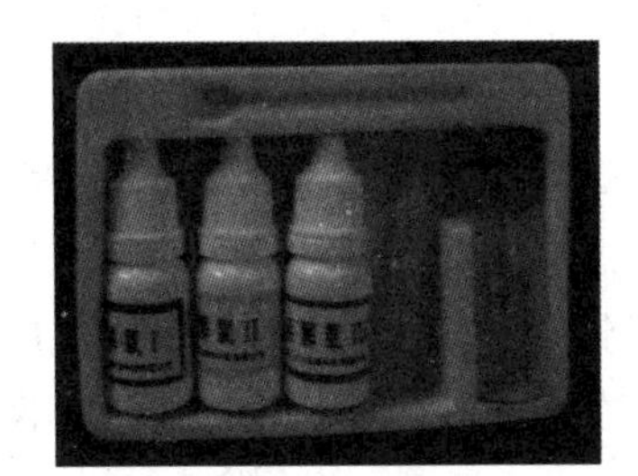

图 1-1 溶解氧快速测试盒

图 1-2 pH 值快速测试盒

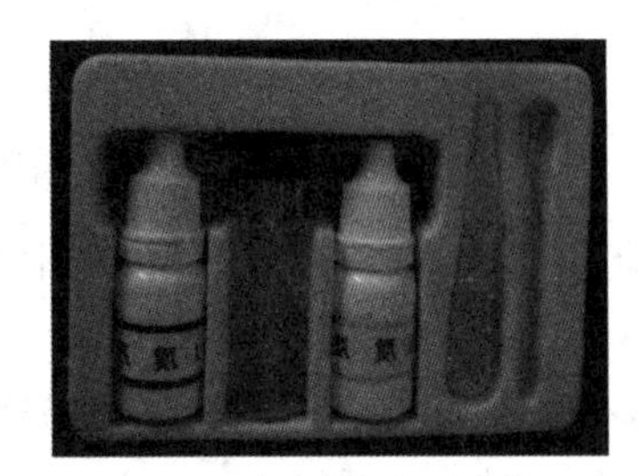

图 1-3 氨氮快速测试盒

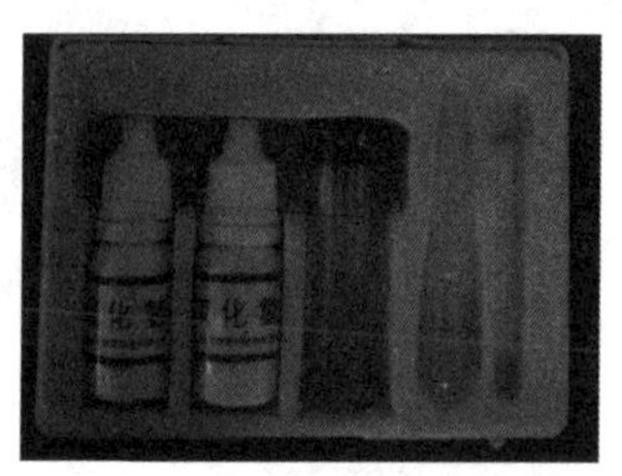
图 1-4 硫化氢快速测试盒

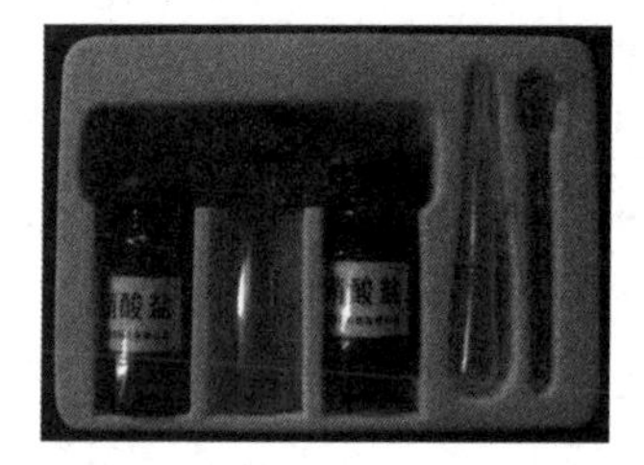
图 1-5 亚硝酸盐快速测试盒

1.2.3 方法

目视比色法。

1.3 步骤

1.3.1 溶解氧测定

先用待测水样冲洗取样管两次，然后取待测水样充满取样管，依次往取样管中加入溶解氧试剂（Ⅰ）和（Ⅱ）各 5 滴，立即盖上瓶盖，上下颠倒数次，静置 3～5 min，打开瓶盖，再加入溶解氧试剂（Ⅲ）5 滴，盖上瓶盖颠倒摇动至沉淀完全溶解[若不完全溶解可再加溶解氧试剂（Ⅲ）1～2 滴]，用吸管取出部分溶液至比色管的刻度线，然后与标准色卡自上而下目视比色，色调相同的色标即是待测水样的溶解氧含量（mg/L）。

1.3.2 pH 值测定

先用待测水样冲洗取样管两次，然后取待测水样至取样管的刻度线，往管中加入 pH 试剂（Ⅰ）5 滴，或者加入 pH 试剂（Ⅱ）3 滴，摇匀后打开盖子，将比色管放置于比色卡空白处，与标准色卡自上而下目视比色，与管中溶液色调相同的色标即是待测水样的 pH 值。

1.3.3 氨氮测定

先用待测水样冲洗取样管两次，然后取待测水样至取样管的刻度线（若待测水样需过滤，应先加几滴稀酸）。往管中加入氨氮试剂（Ⅰ）7 滴，盖上瓶盖颠倒摇匀，打开瓶盖再加入氨氮试剂（Ⅱ）7 滴，盖上瓶盖摇匀，放置 5 min 打开盖子，将比色管放置于比色卡空白处，与标准色卡自上而下目视比色，与管中溶液色调相同的色标即是待测水样的氨氮含量（mg/L）。

1.3.4 硫化氢测定

先用待测水样冲洗取样管两次，然后取待测水样至取样管的刻度线，向管中加入硫化氢试剂 7 滴，轻轻颠倒一次（只一次），10～15 min 后打开盖子，将比色管放置于比色卡空白处，与标准色卡自上而下目视比色，与管中溶液色调相同的色标即是待测水样的硫化氢含量（以硫计，mg/L）。

1.3.5 亚硝酸盐测定

先用待测水样冲洗取样管两次，然后取待测水样至取样管的刻度线，向管中加入一玻璃勺亚硝酸盐试剂，摇动使其溶解。5 min 后打开盖子，将比色管放置于比色卡空白处，与标准色卡自上而下目视比色，色调相同的色标即是待测水样的亚硝酸盐含量（以氮计，mg/L）。

1.4 注意事项

1. 水质检测试剂使用前确保在有效期内，具体取用量详见各种快速测试盒的测试说明。

2. 采样过程中避免水样受到污染，采样后应尽快完成测试，避免待测水样放置时间过长。

3. 检测值超过检测范围上限的待测水样，可用蒸馏水稀释一定的倍数后再测，所得结果乘以稀释倍数即是待测水样的检测值。

4. 测定溶解氧时，若待测水样混浊，应待反应完后比色前过滤，然后再与标准色卡目视比色。

5. 测定 pH 值时，若待测水样混浊，可过滤或放置澄清后取上层清液测试。

6. 测定氨氮时，若取池底水样，取样后应放置数分钟，等待测水样澄清后取上层清液测试。若试剂加完后立即出现混浊应弃掉，将待测水样过滤后再测试。不宜用氨氮快速测试盒测定待测海水的氨氮含量。

7. 测定硫化氢时，若待测水样混浊，可先加几滴稀碱，过滤后再测试。

8. 测定亚硝酸盐时，若待测水样混浊，应过滤后再取样。若试剂结块，压碎后再用不影响测试结果。

1.5 要求

检测各待测水样的溶解氧含量、pH 值、硫化氢含量、氨氮含量和亚硝酸盐含量，并作好记录。

水样	溶解氧(mg/L)	pH 值	硫化氢(mg/L)	氨氮(mg/L)	亚硝酸盐(mg/L)
水样 1					
水样 2					

1.6 考核

1.6.1 过程评价要点及标准

1. 预习:实训前应根据教材认真预习,写出简要的预习报告。
2. 操作:规范操作,认真完成实训步骤的所有内容。
3. 记录:认真观察,如实、准确记录实训结果。
4. 整理:整理好实训器材,并放回原处。

1.6.2 终结评价要点及标准

1. 正确掌握水中溶解氧、pH 值、氨氮、硫化氢和亚硝酸盐等理化指标的快速检测方法,并在规定时间内完成本实训内容。
2. 认真撰写实训报告,格式与字迹规范。
3. 实训报告内容包含以下部分:目标、实训材料与方法、步骤、要求。

1.7 思考题

测定溶解氧时,应取待测水样至取样管的什么位置?目视比色时比色管中的溶液应在什么位置?

实训二

常用渔药种类识别与质量鉴别

2.1　目标

1. 了解和掌握常用渔药的主要理化性状，并能识别常用渔药的种类。
2. 掌握常用渔药质量肉眼鉴别方法。

2.2　实训材料与方法

2.2.1　药品

漂白粉、漂粉精、稳定性二氧化氯、二氯异氰尿酸钠、三氯异氰尿酸、溴氯海因、碘、聚维酮碘、福尔马林、醋酸、生石灰、氯化钠、碳酸氢钠、双链季胺盐、乙二胺四乙酸二钠、高锰酸钾、双氧水、光合细菌、磺胺类、抗菌素、喹诺酮类、硫酸铜、硫酸亚铁、氯化铜、敌百虫、硫酸二氯酚、硫酸锌、地克珠利、盐酸氯苯胍、辛硫磷、甲苯咪唑、阿苯达唑、吡喹酮、维生素、中草药等。

2.2.2　用具

滴管、药勺、玻璃器皿等。

2.2.3　方法

采用肉眼观察。

2.3 步骤

2.3.1 渔药种类识别

渔用药物简称渔药，它属于兽药范畴。渔药是为提高增、养殖渔业产量，用以预防、控制和治疗水产动植物的病虫害，促进养殖品种健康生长，增强机体抗病能力以及改善养殖水体质量所使用的一切物质。渔药基本以使用目的进行分类，主要有：环境改良剂、消毒剂、抗微生物药、杀虫驱虫药、代谢改善、强壮药、中草药、生物制品、免疫激活剂以及其他（包括氧化剂、防霉剂、麻醉剂、镇静剂、增效剂等）几大类。

1. 环境改良剂与消毒剂

（1）漂白粉（含氯石灰）、漂粉精

漂白粉为白色颗粒状粉末；有氯臭，有效氯含量为 25%～30%；水溶液呈碱性；部分溶于水和乙醇；稳定性差，在空气中易潮解。

漂粉精为漂白粉精制品，其有效氯含量为 60%，稳定性比漂白粉好，效力为漂白粉的 2～3倍。

（2）二氯异氰尿酸钠（优氯净）、三氯异氰尿酸（强氯精、鱼安）

二氯异氰尿酸钠为白色结晶性粉末；有氯臭，含有效氯为 60%～64%；性质稳定；易溶于水，水溶液呈弱酸性。

三氯异氰尿酸为白色粉末；有氯臭；强氯精有效氯的含量在 85%以上，鱼安有效氯的含量为 80%～82%。

（3）二氧化氯（稳定性二氧化氯）

常温下二氧化氯为淡黄色气体；可溶于硫酸和碱中；含有效氯为 226%；其可制成无色、无味、无臭和不挥发的稳定性液体。

（4）溴氯海因

溴氯海因为白色或淡黄色粉末；微溶于水；易吸潮，有轻微的刺激性气味。

（5）二溴海因

二溴海因为淡黄色结晶性粉末；微溶于水，溶于氯仿、乙醇等有机溶剂；干燥时稳定，在强酸或强碱中易分解，在水中加热易分解。

（6）碘

碘为棕黑色或蓝黑色有金属光泽的片状结晶；有异臭；常温下易挥发，微溶于水，易溶解于乙醇、乙醚、氯仿等有机溶剂。

（7）聚维酮碘（聚乙烯吡咯烷酮碘、PVP-I）

聚维酮碘为黄棕色至红棕色粉末或水溶液；性能稳定，气味小；无腐蚀性；易溶于水，水溶液呈酸性；含有效碘为 9%～12%。

（8）福尔马林（甲醛溶液）

福尔马林溶液为含 37%～40%甲醛的水溶液，并有 10%～12%的甲醇或乙醇作稳定

剂；无色液体；有刺激性臭味；弱酸性；易挥发；有腐蚀性；在冷处(9 ℃以下)易聚合发生浑浊或沉淀。

(9)醋酸(乙酸)

醋酸为无色液体；特臭；味极酸；易溶于水。

(10)生石灰(氧化钙)

生石灰为白色或灰白色块状；水溶液呈强碱性；空气中易吸水变为熟石灰而失效。

(11)氯化钠(食盐)

氯化钠为白色结晶粉末；无臭；味咸；易溶于水；水溶液呈中性。

(12)碳酸氢钠(小苏打)

碳酸氢钠为白色结晶粉末；无臭；味咸；空气中易潮解；易溶于水，水溶液弱碱性。

(13)双链季胺盐

双链季胺盐为无色透明黏稠状物质；易溶解于水和乙醇，水溶液呈无色透明，富有泡沫；挥发性低；性能稳定，可长期储存。

(14)乙二胺四乙酸二钠(EDTA-2Na)

EDTA-2Na 为白色结晶性粉末；略臭，易溶于水，不溶于乙醇、苯和氯仿。

(15)高锰酸钾

高锰酸钾为黑紫色细长结晶，带蓝色金属光泽；无臭；易溶于水；与某些有机物或易氧化物接触，易发生爆炸。

(16)过氧化氢溶液(双氧水)

双氧水为无色透明水溶液；无臭，或类似臭氧的臭气；味微酸；有腐蚀性；不稳定，氧化性强，且具弱酸性，遇氧化物或还原物即分解发生泡沫，见光易分解，久贮易失效；一般以 30%的水溶液形式存放，用时再稀释成 3%的溶液；能与水、乙醇或乙醚以任何比例混合，不溶于苯。

(17)光合细菌

光合细菌的生物学特性见表 2-1。

表 2-1　光合细菌的生物学特性

分类(科)	生物学特性
红螺菌	红色，螺旋状，端丛生毛，运动，厌氧或微厌氧
着色菌	红紫色，球形，有夹膜，极生鞭毛，运动或不运动，厌氧
绿色菌	绿色，卵球形，不运动，革兰氏阴性，严格厌氧
曲绿菌	绿色或橘汁色，革兰氏阴性，厌氧

2. 抗微生物药

目前水产动物疾病防治中常用的抗微生物药主要有抗病毒药、抗细菌药和抗真菌药等。已使用的抗病毒药物主要有聚维酮碘和免疫制剂。已使用的抗菌药物约有 70 多种，包括磺胺类、抗生素类、喹诺酮类等药物。已使用的抗真菌药主要有制霉菌素。

(1)磺胺类

目前在水产动物疾病防治中常用磺胺类药物的种类和性状见表 2-2。

表 2-2　磺胺类药物的主要种类和性状

名　称	简　称	性　状
磺胺甲基嘧啶	SM	白色结晶性粉末；无臭；味微苦；遇光色变深
磺胺甲基异噁唑	SMZ	白色结晶性粉末；无臭；味微苦；几乎不溶于水
磺胺嘧啶	SD	白色结晶性粉末；见光色变深；几乎不溶于水
磺胺间甲氧嘧啶	SMM	白色结晶性粉末；无臭；无味；遇光色变暗；不溶于水
磺胺间二甲氧嘧啶	SDM	白色结晶性粉末；无臭；无味；几乎不溶于水
磺胺二甲异噁唑	SIZ/SFZ	白色结晶性粉末；溶于水

(2)喹诺酮类

喹诺酮类药物的主要种类和性状见表 2-3。恩诺沙星是目前应用最广的水产专用的喹诺酮类抗菌药物。

表 2-3　喹诺酮类药物的主要种类和性状

名　称	性　状
噁喹酸	白色，柱状或结晶粉末；无臭；无味；几乎不溶于水和乙醇；对热、光、湿稳定
恩诺沙星 (乙基环丙沙星)	白色至淡黄色结晶性粉末；无臭；味微苦；易溶于碱性溶液中，在水、甲醇中微溶，在乙醇中不溶；遇光色渐变为橙红色

(3)抗生素类

常用的抗生素主要有四环素类、β-内酰胺类、氨基糖苷类、酰胺醇类和制霉菌素。抗生素类的主要种类和性状见表 2-4。

表 2-4　抗生素类药物的主要种类和性状

名　称	性　状
四环素	黄色，结晶性粉末；无臭；在空气中较稳定，见光色变深；在碱性溶液中易失效
金霉素	金黄色，结晶；无臭；在空气中较稳定，见光色变暗；水溶液呈酸性，中性和碱性溶液中易失效
土霉素	黄色，结晶性粉末；无臭；在空气中稳定，强光下色变深；饱和水溶液呈弱酸性，在碱性溶液中易失效
青霉素	白色，结晶性粉末；无臭；易溶于水，水溶液不稳定；遇热、碱、酸、氧化剂、重金属等易失效
硫酸链霉素	白色到微黄色；粉末或颗粒；无臭；味苦；有吸湿性，在空气中易潮解；易溶于水；性质较稳定
氟苯尼考	白色结晶性粉末；无臭；极易溶于二甲基甲酰胺，溶于甲醇，略溶于冰醋酸，微溶于水或氯仿，微溶于水或氯仿
甲砜霉素	白色结晶性粉末；无臭；性微苦，对光、热稳定；易溶于二甲基甲酰胺，略溶于无水乙醇、丙酮，微溶于水，不溶于乙醚、氯仿及苯
制霉菌素	黄色或棕黄色粉末；有类似谷物气味，有吸湿性；性质不稳定，遇光、热、氧、水分、酸、碱等物质易变质失效；干燥状态下稳定；难溶于水，微溶于甲醇、乙醇

3. 杀虫驱虫药

(1)硫酸铜(蓝矾、胆矾、石胆)

硫酸铜为蓝色透明结晶性颗粒或结晶性粉末;无臭;具金属味;在空气中逐渐风化;易溶于水,水溶液呈酸性。

(2)硫酸亚铁(绿矾、青矾、皂矾)

硫酸亚铁为淡蓝绿色柱状结晶或颗粒;无臭;味咸涩;在干燥空气中易风化;在潮湿空气中则氧化成碱式硫酸铁而呈黄褐色;易溶于水,水溶液呈中性。

(3)氯化铜(二氯化铜)

氯化铜为蓝绿色粉末或斜方双锥体结晶;无臭;在潮湿空气中潮解,在干燥空气中风化;易溶于水,水溶液呈酸性。

(4)敌百虫(马佐藤)

敌百虫为白色结晶;易溶于水和大多有机溶剂;在中性或碱性溶液中发生水解,生成敌敌畏,进一步水解,最终分解成无杀虫活性的物质,是一种高效、低毒、低残留的有机磷农药。

(5)硫酸二氯酚(别丁)

硫酸二氯酚为白色结晶性粉末;无臭;几乎不溶于水,易溶于乙醇、乙醚。

(6)硫酸锌

硫酸锌为无色透明,棱柱状或细针状结晶或颗粒性结晶粉末;无臭,味涩;极易溶于水,在甘油中易溶,在乙醇中不溶。

(7)地克珠利

地克珠利为类白色或淡黄色粉末;无臭;在二甲基甲酰胺中略溶,在水、乙醇中几乎不溶。

(8)盐酸氯苯胍

盐酸氯苯胍为白色或淡黄色结晶性粉末;无臭;味苦;遇光色渐变深;在水或乙醚中几乎不溶。

(9)辛硫磷

辛硫磷为浅黄色油状液体。不溶于水,溶于丙酮、芳烃等化合物。对光不稳定,很快分解。

(10)甲苯咪唑

甲苯咪唑为白色、类白色或微黄色粉末;无臭;难溶于水和多数有机溶剂,在冰醋酸中略溶,易溶于甲酸、乙酸。

(11)阿苯达唑(丙硫咪唑)

阿苯达唑为白色至黄色粉末;无臭,味涩;不溶于水和乙醇,在冰醋酸中溶解。

(12)吡喹酮

吡喹酮为白色或类白色结晶粉末;味苦;在氯仿中易溶,在乙醇中溶解,在乙醚和水中不溶。

4. 代谢改善和强壮药

目前水产养殖生产中常用的代谢改善和强壮药主要有激素、维生素、矿物质、氨基酸等。

维生素根据其溶解性分为脂溶性维生素和水溶性维生素两大类。

(1)脂溶性维生素

脂溶性维生素不溶于水,溶于有机溶剂。主要种类有维生素 A、维生素 D、维生素 E 和维生素 K 四种。

维生素 A(视黄醇):微黄色片状晶体或结晶性粉末;不溶于水,能溶于乙醇、乙醚、氯仿、油脂等有机溶剂;遇紫外光、高温易破坏,通常应避光保存。目前常用维生素 A 醋酸酯,呈淡黄色的油状液体或黄色结晶与油的混合物;无臭;不溶于水,溶于乙醇、乙醚、氯仿和油脂中;在空气中易氧化,遇光易变质。

维生素 D:白色至带黄色结晶粉末;无臭;不溶于水,溶于乙醇、丙酮、乙醚、氯仿,微溶于油脂。

维生素 E:淡黄色黏稠油状液;无臭;遇光色渐变深;不溶于水,易溶于乙醇、植物油、有机溶剂。

(2)水溶性维生素

水溶性维生素溶于水,不溶于有机溶剂。主要种类有维生素 B_1、维生素 B_2、维生素 B_3、维生素 B_4、维生素 B_5、维生素 B_6、维生素 B_{11}、维生素 B_{12}、维生素 H、维生素 C 等,其中维生素 C 为白色结晶或结晶性粉末,味酸,久置色渐变微黄;易溶于水,水溶液显酸性反应;水溶液不稳定,有强还原性,遇空气、碱、热变质失效,干燥较稳定;与维生素 A、维生素 D 有拮抗作用。

5. 中草药

中草药具有天然性、多功能性、毒副残留性小以及耐药性小等优点。根据中草药的作用可分为抗病毒类中草药、抗细菌类中草药和抗真菌类中草药。

(1)大蒜

大蒜为百合科多年生草本植物。鳞茎呈卵形微扁,直径 3～4 cm;外皮白色或淡紫红色,有弧形紫红色脉线;内部鳞茎包于中轴,瓣片簇生状,分 6～12 瓣,瓣片白色肉质,光滑而平坦;底盘呈圆盘状,带有干缩的根须。药用部分为鳞茎,现有人工合成的大蒜素和大蒜素微囊。其性温、味辛、无毒,具有止痢、杀菌、驱虫、健胃等作用。

(2)大黄

大黄为蓼科多年生草本植物,高达 2 m。地下有粗壮的肉质根及根块茎,茎黄棕色,直立,中空;叶互生,叶身呈掌状浅裂;花黄白色而小,呈穗状花序。药用部分为根、根块茎。其性寒、味苦,具有抗菌、收敛、增加血小板,促进血液凝固等作用。

(3)乌柏

乌柏为大戟科落叶乔木植物,高可达 20 m。叶互生,菱形或卵形,背面粉绿色;夏季开黄花,穗状花序顶生;蒴果球形,有三裂;三颗种子外被白色蜡层。药用部分为根、皮、叶、果。其性微温、味苦,具有抑菌、解毒、消肿等作用。

(4)五倍子

五倍子为漆树科属植物盐肤木、青麸杨和红麸杨等叶上寄生的虫瘿,虫瘿呈囊状,有角倍和肚倍之分。角倍呈不规则囊状,有若干瘤状突起或角状分枝,表面具绒毛;肚倍呈纺锤形囊状,无突起或分枝,绒毛少。9—10 月摘下虫瘿,煮死内部寄生虫干燥即得。药用部分为虫瘿。其性寒、味酸涩,具有抗菌、止血、解毒、收敛等作用。

(5)苦楝

苦楝为楝科落叶乔木植物,高 15～20 m。树皮暗褐色,有皴裂;叶互生,二至三回奇数羽状复叶;花淡紫色,腋生圆锥花序;果球形,熟时黄色。药用部分为根、树皮和枝叶。其性苦、味寒,具有杀虫、抗真菌等作用。

(6)车前草

车前草为车前科多年生草本植物,高 10～30 cm。根状茎短,有许多须根;叶根生,卵形,基出掌状脉 5～7 条;花细小,淡绿色,穗状花序,长 6～7 cm,;果卵形,长约 3 cm。药用部分为全草。其性凉、味淡甘,具有抗真菌、消炎、抗肿瘤等作用。

(7)生姜

生姜为姜科多年生草本植物,高 40～100 cm。根状茎肉质,扁平多节,黄色,有芳香及辛辣味;叶二列式互生,线状披针形,基部无柄;花橙黄色,花葶单独自根茎抽出,穗状花序,卵形,通常不开花;蒴果 3 瓣裂。药用部分为鲜根状茎。其性微温、味辛,具有抗菌、解毒、杀虫等作用。

2.3.2　渔药质量肉眼鉴别

1. 检查药品包装

渔药包装应当按照规定印有或者贴有标签,附有说明书,并在显著位置注明“兽用”字样。正规渔药的标签必须同时使用内包装标签和外包装标签,否则可视为不正规、不规范、不合格的渔药。

渔药的标签或说明书,应当以中文注明兽药的通用名称、成分、含量、规格、生产企业、产品批准文号(进口兽药注册证号)、产品批号、生产日期、有效期、适应征或者功能(主治)、用法、用量、休药期、禁忌、不良反应、注意事项、运输与贮存保管条件及其他应说明的内容。有商品名称的,还应当注明商品名称。

2. 检查注册商标

正规渔药厂家均申请有注册商标,非法生产的假渔药往往没有商标或使用没有注册的商标。

注册商标(图案、图画、文字等)通常标明在渔药的包装、标签、说明书上,并注有“注册商标”字样或注册标记。

3. 查看“三证”

(1)生产许可证

生产许可证包括许可证编号、企业名称、法定代表人、企业负责人、企业类型、注册地址、生产地址、生产范围、发证机关、发证日期、有效期等项目。

(2)批准文号

达到一定标准要求的渔药才能拿到批号,质量上有一定的保证;无批号的渔药则反之。

兽药产品批准文号编制格式为:兽药类别简称＋年号(四位数)＋企业所在地省份(自治区、直辖市)序号(两位数)＋企业序号(三位数)＋兽药品种编号(四位数)。

例:	兽药字	(2011)	01	001	2222
	兽药类别简称	年号 四位数	企业所在地省份序号 两位数	企业序号 三位数	兽药品种编号 四位数

①兽药类别简称

兽药添字：为药物添加剂的类别简称。

兽药生字：为血清制品、疫苗、诊断制品、微生态制品等的类别简称。

兽药字：为中药材、中成药、化学药品、抗生素、生化药品、放射性药品、外用杀虫剂和消毒剂等的类别简称。

②年号

年号用四位数字表示，即核发产品批准文号时的年份。

③企业所在地省份序号

企业所在地省份序号用两位阿拉伯数字表示，由农业农村部规定并公告。

④企业序号

企业序号按省排序，用三位阿拉伯数字表示，由农业农村部公告。

⑤兽药品种编号

兽药品种编号用四位阿拉伯数字表示，由农业农村部规定并公告。

(3)生产批号

兽药生产批号是兽药生产企业对由同一原料、同一方法、同一时间所生产的兽药产品的编号。

生产批号一般是由生产时间的年(四位数)、月(两位数)、日(两位数)组成。如某厂2011年3月21日生产了一批硫酸庆大霉素注射液，那么该批药品的生产批号为：20110321。

有效期是从生产日期算起的，由此检查渔药的有效期限，超过了有效期即为失效渔药。

4. 查看药物主要成分

检查是否是国家明文规定淘汰或禁止生产、销售及使用的渔药。

5. 肉眼鉴别渔药质量(外观性状)

(1)粉剂

外包装应完整，装量无明显差异，无胀气现象。

内包装产品(药粉)应干燥疏松，颗粒均匀、色泽一致，无异味、潮解、霉变、结块、发黏等现象。

(2)水剂

容器应完好、统一，无泄漏，装量无明显差异。

瓶装瓶口应封蜡，容器内加规定的溶媒后应完全溶解。

溶液应澄清无异物，色泽一致，无沉淀或混浊现象。

个别产品在冬季允许析出少量结晶，但加热后应完全溶解。

(3)片剂

外包装应完好，外观完整。

内包装产品应色泽均匀，表面光滑，无斑点，无麻面，有适宜的硬度，并且经过测试其在水中的溶解时间达到产品要求。

(4)针剂(注射剂)

应严格按产品说明书运输，透明度符合规定，无变色，无异样物。

容器无裂纹，瓶塞无松动，混悬注射液振摇后无凝块。

(5)中草药

包装完整,色泽较好,无吸潮霉变,无虫蛀或胀气现象。

(6)冻干制品

不失真空或瓶内无疏松团块与瓶粘连的现象。

2.4　注意事项

1. 药品自瓶中取出后不应将其倒回原瓶中,以免带入杂质;取用药品后应立即盖上瓶盖,以免搞错瓶塞玷污药品,并立即放回原处。

2. 药勺取用一种药品后必须洗净,并用滤纸擦干,才能取用另一种药品。

2.5　要求

1. 记录常用渔药的主要性状。

2. 描绘中草药车前草、苦楝的外部形态。

3. 肉眼鉴别常用渔药质量的好坏。

2.6　考核

2.6.1　过程评价要点及标准

1. 预习:实训前应根据教材认真预习,写出简要的预习报告。

2. 操作:规范操作,认真完成实训步骤的所有内容。

3. 记录:认真观察,如实、准确记录实训结果。

4. 整理:整理好实训器材,并放回原处。

2.6.2　终结评价要点及标准

1. 正确掌握常用渔药的主要理化性状,能肉眼识别常用渔药种类、鉴别渔药质量好坏,并在规定时间内完成本实训所有内容。

2. 认真撰写实训报告,格式与字迹规范。

3. 实训报告内容包含以下部分:目标、实训材料与方法、步骤、要求。

2.7 思考题

1. 常用的环境改良剂与消毒剂有哪些?
2. 水产动物疾病防治中常用的抗微生物药和杀虫驱虫药各有哪些?
3. 如何肉眼鉴别渔药质量的好坏?

实训三

渔用药物一般鉴别试验

3.1　目标

1. 掌握不同渔用药物离子或基团的特性。
2. 掌握渔用药物的一般鉴别方法。

3.2　实训材料与方法

3.2.1　试药与试液

1. 试药

试药系指在药典中供各项试验用的试剂，试药应符合《中华人民共和国药典》附录的要求，使用时应研成粉末或配成试液。

2. 试液

除另有规定外，均应按《中华人民共和国药典》附录试液项下的方法进行配制和贮藏，要求新配制的，必须临用新制（详见附录一、二）。

3.2.2　仪器

所有仪器要求洁净，以免干扰化学反应。

3.2.3　原理与方法

一般鉴别试验是以药物的化学结构及其物理化学性质为依据，通过化学反应鉴别药物的真伪。通过一般鉴别反应只能证实是某一类药物，不能证实是哪一种药物。选择一般鉴别试验方法应满足专属性强，重现性好，灵敏度高，操作简便、快速的要求。对无机药品是根据阴、阳离子的特殊反应进行鉴别，对有机药品则大都采用官能团反应进行鉴别。一般鉴别试验通常采用的鉴别方法为化学鉴别，化学鉴别有干法与湿法两类。

1. 干法

干法系指将供试品加适当试剂在规定的温度条件下（一般是高温）进行试验，观测此时所发生的特异现象，如焰色反应、加热分解等。

2. 湿法

湿法系指将供试品和试剂在适当的溶剂中，于一定条件下进行反应，发生易于观测的化学变化，如颜色、沉淀、气体、荧光等。

渔药鉴别是采用《中华人民共和国药典》或《中华人民共和国兽药典》中提供的最为常用方法。

3.3 步骤

3.3.1 药物一般鉴别试验

一般鉴别试验的项目：丙二酰脲类、托烷生物碱类、芳香第一胺类、有机氟化物、有机酸盐（水杨酸盐、苯甲酸盐、乳酸盐、枸橼酸盐、酒石酸盐、醋酸盐）、无机酸盐（亚硫酸盐或亚硫酸氢盐、硫酸盐、硝酸盐、硼酸盐、碳酸盐与碳酸氢盐、磷酸盐、氯化物、溴化物、碘化物）、无机金属盐（亚锡盐、钠盐、钾盐、锂盐、钙盐、钡盐、铵盐、镁盐、铁盐、铝盐、锌盐、铜盐、银盐、汞盐、铋盐、锑盐）。

1. 丙二酰脲类

鉴别试验一：取供试品约 0.1 g，加碳酸钠试液 1 mL 与水 10 mL，振摇 2 min，滤过，滤液中逐滴加入硝酸银试液，即生成白色沉淀，振摇，沉淀即溶解；继续加过量的硝酸银试液，沉淀不再溶解。

鉴别试验二：取供试品约 50 mg，加吡啶溶液（1→10）5 mL，溶解后，加铜吡啶试液 1 mL，即显紫色或生成紫色沉淀。

2. 托烷生物碱类

鉴别试验一：取供试品约 10 mg，加发烟硝酸 5 滴，置水浴上蒸干，得黄色的残渣，放冷，加乙醇 2～3 滴湿润，加固体氢氧化钾一小颗，即显深紫色。

3. 芳香第一胺类

鉴别试验一：取供试品约 50 mg，加稀盐酸 1 mL，必要时缓缓煮沸使溶解，放冷，加 0.1 mol/L亚硝酸钠溶液数滴，滴加碱性 β-萘酚试液数滴，视供试品不同，生成由橙黄到猩红色沉淀。

4. 有机氟化物

鉴别试验一：取供试品约 7 mg，照“氧瓶燃烧法”进行有机破坏，用水 20 mL 与 0.01 mol/L氢氧化钠溶液 6.5 mL 为吸收液，待燃烧完毕后，充分振摇；取吸收液 2 mL，加茜素氟蓝试液 0.5 mL，再加 12%醋酸钠的稀醋酸溶液 0.2 mL，用水稀释至 4 mL，加硝酸亚铈试液 0.5 mL，即显蓝紫色；同时做空白对照试验。

5. 有机酸盐

(1)水杨酸盐

鉴别试验一:取供试品的稀溶液,加三氯化铁试液 1 滴,即显紫色。

鉴别试验二:取供试品溶液,加稀盐酸,即析出白色水杨酸沉淀;分离,沉淀在醋酸铵试液中溶解。

(2)苯甲酸盐

鉴别试验一:取供试品的中性溶液,加三氯化铁试液,即生成赭色沉淀;加稀盐酸,变为白色沉淀。

鉴别试验二:取供试品,置干燥试管中,加硫酸后,加热,不炭化,但析出苯甲酸,在试管内壁凝结成白色升华物。

(3)乳酸盐

鉴别试验一:取供试品溶液 5 mL(约相当于乳酸 5 mg),置试管中,加溴试液 1 mL 与稀盐酸 0.5 mL,置水浴上加热,并用玻棒小心搅拌至褪色,加硫酸铵 4 g,混匀,沿管壁逐滴加入 10%亚硝基铁氰化钠的稀硫酸溶液 0.2 mL 和浓氨试液 1 mL,使成两液层;在放置 30 min内,两液层在界面处出现一暗绿色的环。

(4)枸橼酸盐

鉴别试验一:取供试品溶液 2 mL(约相当于枸橼酸 10 mg),加稀硫酸数滴,加热至沸,加高锰酸钾试液数滴,振摇,紫色即消失;溶液分成两份,1 份中加硫酸汞试液 1 滴,另 1 份中逐滴加入溴试液,均生成白色沉淀。

鉴别试验二:取供试品约 5 mg,加吡啶—醋酐(3∶1)约 5 mL,振摇,即生成黄色到红色或紫红色的溶液。

(5)酒石酸盐

鉴别试验一:取供试品的中性溶液,置洁净的试管中,加氨制硝酸银试液数滴,置水浴中加热,银即游离并附在管的内壁成银镜。

鉴别试验二:取供试品溶液,加醋酸成酸性后,加硫酸亚铁试液 1 滴和过氧化氢试液 1 滴,待溶液褪色后,用氢氧化钠试液碱化,溶液即显紫色。

(6)醋酸盐

鉴别试验一:取供试品,加硫酸和乙醇后,加热,即分解发生醋酸乙酯的香气。

鉴别试验二:取供试品的中性溶液,加三氯化铁试液 1 滴,溶液呈深红色,加稀无机酸,红色即褪去。

6. 无机酸盐

(1)亚硫酸盐或亚硫酸氢盐

鉴别试验一:取供试品,加盐酸,即发生二氧化硫的气体,有刺激性特臭,并能使硝酸亚汞试液湿润的滤纸显黑色。

鉴别试验二:取供试品溶液,滴加碘试液,碘的颜色即消褪。

(2)硫酸盐

鉴别试验一:取供试品溶液,加氯化钡试液,即生成白色沉淀;分离,沉淀在盐酸或硝酸中均不溶解。

鉴别试验二:取供试品溶液,加醋酸铅试液,即生成白色沉淀;分离,沉淀在醋酸铵试液或氢氧化钠试液中溶解。

鉴别试验三:取供试品溶液,加盐酸,不生成白色沉淀(与硫代硫酸盐区别)。

(3)硝酸盐

鉴别试验一:取供试品溶液,置试管中,加等量的硫酸,注意混匀,冷后,沿管壁加硫酸亚铁试液,使成两液层,界面显棕色。

鉴别试验二:取供试品溶液,加硫酸与铜丝(或铜屑),加热,即发生红棕色的蒸气。

鉴别试验三:取供试品溶液,滴加高锰酸钾试液,紫色不应褪去(与亚硝酸盐区别)

(4)硼酸盐

鉴别试验一:取供试品溶液,加盐酸成酸性后,能使姜黄试纸变成棕红色;放置干燥,颜色即变深,用氨试液湿润,即变为绿黑色。

鉴别试验二:取供试品,加硫酸,混匀后,加甲醇,点火燃烧,即发生边缘带绿色的火焰。

(5)碳酸盐与碳酸氢盐

鉴别试验一:取供试品溶液,加稀酸,即发生泡沸,产生二氧化碳气体,导入氢氧化钙试液中,即生成白色沉淀。

鉴别试验二:取供试品溶液,加硫酸镁试液,如为碳酸盐溶液,即生成白色沉淀;如为碳酸氢盐溶液,须煮沸,始生成白色沉淀。

鉴别试验三:取供试品溶液,加酚酞指示液,如为碳酸盐溶液,即显深红色;如为碳酸氢盐溶液,不变色或仅显微红色。

(6)磷酸盐

鉴别试验一:取供试品的中性溶液,加硝酸银试液,即生成浅黄色沉淀;分离,沉淀在氨试液或稀硝酸中均易溶解。

鉴别试验二:取供试品溶液,加氯化铵镁试液,即生成白色结晶性沉淀。

鉴别试验三:取供试品溶液,加钼酸铵试液与硝酸后,加热即生成黄色沉淀;分离,沉淀能在氨试液中溶解。

(7)氯化物

鉴别试验一:取供试品溶液,加硝酸使成酸性后,加硝酸银试液,即生成白色凝乳状沉淀;分离,沉淀加氨试液即溶解,再加硝酸,沉淀复生成。如供试品为生物碱或其他有机碱的盐酸盐,须先加氨试液使成碱性,将析出的沉淀滤过除去,取滤液进行试验。

鉴别试验二:取供试品少量,置试管中,加等量二氧化锰,混匀,加硫酸湿润,缓缓加热,即发生氯气,能使湿润的碘化钾淀粉试纸显蓝色。

(8)溴化物

鉴别试验一:取供试品溶液,加硝酸银试液,即生成淡黄色凝乳状沉淀;分离,沉淀能在氨试液中微溶,但在硝酸中几乎不溶。

鉴别试验二:取供试品溶液,滴加氯试液,溴即游离,加氯仿振摇,氯仿层显黄色或红棕色。

(9)碘化物

鉴别试验一:取供试品溶液,加硝酸银试液,即生成黄色凝乳状沉淀;分离,沉淀在硝酸或氨试液中均不溶解。

鉴别试验二:取供试品溶液,加少量的氯试液,碘即游离;如加氯仿振摇,氯仿层显紫色;

如加淀粉指示液，溶液显蓝色。

7. 无机金属盐

(1)亚锡盐

鉴别试验一：取供试品的水溶液1滴，点于磷钼酸铵试纸上，试纸应显蓝色。

(2)汞盐

①亚汞盐

鉴别试验一：取供试品，加氨试液或氢氧化钠试液，即变黑色。

鉴别试验二：取供试品，加碘化钾试液，振摇，即生成黄绿色沉淀，瞬即变为灰绿色，并逐渐转变为灰黑色。

②汞盐

鉴别试验一：取供试品溶液，加氢氧化钠试液，即生成黄色沉淀。

鉴别试验二：取供试品的中性溶液，加碘化钾试液，即生成猩红色沉淀，能在过量的碘化钾试液中溶解；再以氢氧化钠试液碱化，加铵盐即生成红棕色沉淀。

鉴别试验三：取不含过量硝酸的供试品溶液，涂于光亮的铜箔表面，擦拭后即生成一层光亮似银的沉积物。

(3)钙盐

鉴别试验一：取铂丝，用盐酸湿润后，蘸取供试品，在无色火焰中燃烧，火焰即显砖红色。

鉴别试验二：取供试品溶液(1→20)，加甲基红指示液2滴，用氨试液中和，再滴加盐酸至恰呈酸性，加草酸铵试液，即生成白色沉淀；分离，沉淀不溶于醋酸，但可溶于盐酸。

(4)钠盐

鉴别试验一：取铂丝，用盐酸湿润后，蘸取供试品，在无色火焰中燃烧，火焰即显鲜黄色。

鉴别试验二：取供试品的中性溶液，加醋酸氧铀锌试液，即生成黄色沉淀。

(5)钾盐

鉴别试验一：取铂丝，用盐酸湿润后，蘸取供试品，在无色火焰中燃烧，火焰即显紫色；但有少量的钠盐混存时，须隔蓝色玻璃透视，方能辨认。

鉴别试验二：取供试品，加热炽灼除去可能杂有的铵盐，放冷后，加水溶解，再加0.1%四苯硼钠溶液与醋酸，即生成白色沉淀。

(6)钡盐

鉴别试验一：取铂丝，用盐酸湿润后，蘸取供试品，在无色火焰中燃烧，火焰即显黄绿色；通过绿色玻璃透视，火焰显蓝色。

鉴别试验二：取供试品溶液，加稀硫酸，即生成白色沉淀；分离，沉淀在盐酸或硝酸中均不溶解。

(7)铋盐

鉴别试验一：取供试品溶液，加碘化钾试液，即生成红棕色溶液或暗棕色沉淀；分离，沉淀能在过量碘化钾试液中溶解成黄棕色的溶液，再加水稀释，又生成橙色沉淀。

鉴别试验二：取供试品溶液，用稀硫酸酸化，加10%硫脲溶液，即显深黄色。

(8)铁盐

①亚铁盐

鉴别试验一：取供试品溶液，加铁氰化钾试液，即生成深蓝色沉淀；分离，沉淀在稀盐酸中不溶，但加氢氧化钠试液，即分解成棕色沉淀。

鉴别试验二：取供试品溶液，加1%邻二氮菲的乙醇溶液数滴，即显深红色。

②铁盐

鉴别试验一：取供试品溶液，加亚铁氰化钾试液，即生成深蓝色沉淀；分离，沉淀在稀盐酸中不溶解，但加氢氧化钠试液，即分解成棕色沉淀。

鉴别试验二：取供试品溶液，加硫氰酸铵试液，即显血红色。

(9)铵盐

鉴别试验一：取供试品，加过量的氢氧化钠试液后，加热，即分解，发生氨臭；遇湿润的红色石蕊试纸，能使之变蓝色，并能使硝酸亚汞试液湿润的滤纸显黑色。

鉴别试验二：取供试品溶液，加碱性碘化汞钾试液1滴，即生成红棕色沉淀。

(10)银盐

鉴别试验一：取供试品溶液，加稀盐酸，即生成白色凝乳状沉淀；分离，沉淀能在氨试液中溶解，不断滴加硝酸，沉淀复生成。

鉴别试验二：取供试品的中性溶液，加铬酸钾试液，即生成砖红色沉淀；分离，沉淀能在硝酸中溶解。

(11)铜盐

鉴别试验一：取供试品溶液，滴加氨试液，即生成淡蓝色沉淀；再加过量的氨试液，沉淀即溶解，生成深蓝色溶液。

鉴别试验二：取供试品溶液，加亚铁氰化钾试液，即显红棕色或生成红棕色沉淀。

(12)锂盐

鉴别试验一：取供试品溶液，加氢氧化钠试液碱化后，加入碳酸钠试液，煮沸，即生成白色沉淀；分离，沉淀能在氯化铵试液中溶解。

鉴别试验二：取铂丝，用盐酸湿润后，蘸取供试品，在无色火焰中燃烧，火焰显胭脂红色。

鉴别试验三：取供试品适量，加入稀硫酸或可溶性硫酸盐溶液，不生成沉淀(与锶盐区别)。

(13)锌盐

鉴别试验一：取供试品溶液，加亚铁氰化钾试液，即生成白色沉淀；分离，沉淀在稀盐酸中不溶解。

鉴别试验二：取供试品溶液，以稀盐酸酸化，加0.1%硫酸铜溶液1滴及硫氰酸汞铵试液数滴，即生成紫色沉淀。

(14)锑盐

鉴别试验一：取供试品溶液，加醋酸成酸性后，置水浴上加热，趁热加硫代硫酸钠试液数滴，逐渐生成橙红色沉淀。

鉴别试验二：取供试品溶液，加盐酸成酸性后，通硫化氢气体，即生成橙色沉淀；分离，沉淀能在硫化铵试液或硫化钠试液中溶解。

(15)铝盐

鉴别试验一：取供试品溶液，加氢氧化钠试液，即生成白色胶状沉淀；分离，沉淀能在过量的氢氧化钠试液中溶解。

鉴别试验二：取供试品溶液，加氨试液至生成白色胶状沉淀，滴加茜素磺酸钠指示液数滴，沉淀即显樱红色。

(16)镁盐

鉴别试验一:取供试品溶液,加氨试液,即生成白色沉淀;滴加氯化铵试液,沉淀溶解;再加磷酸氢二钠试液1滴,振摇,即生成白色沉淀。沉淀在氨试液中不溶解。

鉴别试验二:取供试品溶液,加氢氧化钠试液,即生成白色沉淀。分离,沉淀分成两份,一份中加过量的氢氧化钠试液,沉淀不溶解;另一份中加碘试液,沉淀转变成红棕色。

3.3.2 渔用药物鉴别

1. 漂白粉

鉴别:本品显钙盐与氯化物的鉴别反应。

2. 氯化钠

鉴别:本品的水溶液显钠盐与氯化物的鉴别反应。

3. 碳酸氢钠

鉴别:本品的水溶液显钠盐与碳酸氢盐的鉴别反应。

4. 乙二胺四乙酸二钠

鉴别:本品的水溶液显钠盐的鉴别反应。

5. 硫酸铜

鉴别:本品的水溶液显硫酸盐与铜盐的鉴别反应。

6. 氯化铜

鉴别:本品的水溶液显铜盐与氯化物的鉴别反应。

7. 高锰酸钾

鉴别:本品的水溶液显示钾盐的鉴别反应。

8. 渔用抗菌药物

(1)青霉素(青霉素G)

鉴别:本品显钠盐、钾盐的鉴别反应。

(2)硫酸链霉素、硫酸庆大霉素、硫酸卡那霉素、硫酸新霉素

鉴别:本品的水溶液显硫酸盐的鉴别反应。

(3)盐酸土霉素、盐酸四霉素、盐酸金霉素

鉴别:本品的水溶液显氯化物的鉴别反应。

(4)磺胺甲基异恶唑、磺胺间甲氧嘧啶、磺胺嘧啶

鉴别:本品显芳香第一胺类的鉴别反应。

3.4 注意事项

1. 一般注意事项

(1)供试品和供试液的取用量应按各药品项下的规定,固体供试品应研成细粉,液体供试品如果太稀可浓缩,如果太浓可稀释。

(2)试药和试液的加入量、方法和顺序均应按各试验项下的规定。如未做规定,试液应

逐滴加入，边加边振摇，并注意观察反应现象。

(3)试验在试管或离心管中进行，如需加热，应小心仔细，并使用试管夹，边加热边振摇，试管口不要对着试验操作者。

(4)试验中需要蒸发时，应置于玻璃蒸发皿或瓷蒸发皿中，在水浴上进行。

(5)沉淀反应：有色沉淀反应宜在白色点滴板上进行，白色沉淀反应应在黑色或蓝色点滴板上进行，也可在试管或离心管中进行；如沉淀少不易观察时，可加入适量的某种与水互不混溶的有机溶剂，使原来悬浮在水中的沉淀集中于两液层之间，以便观察。

(6)试验中需分离沉淀时，采用离心机分离，经离心沉降后，用吸出法或倾泻法分离沉淀。

(7)颜色反应须在玻璃试管中进行，并注意观察颜色的变化。

(8)试验温度，一般温度上升 10 ℃，可使反应速度增加 2～4 倍，应按各试验项下规定的温度进行试验，如达不到时，可适当加温。

(9)反应灵敏度极高的试验，必须保证试剂的纯度和仪器的洁净，为此应同时进行空白试验，以资对照。反应不够灵敏，试验条件不易掌握的试验，可用对照品进行对照试验。

(10)一般鉴别试验中列有一项以上的试验方法时，除正文中已明确规定外，应逐项进行试验，方能证实，不得任选其一作为依据。

(11)溶液后标记的(1→1 000)等符号系指固体溶质 1.0 g 或液体溶质 1.0 mL 加溶剂使成1 000 mL的溶液；未指明用何种溶剂时，均系指水溶液。

2. 部分专项鉴别试验注意事项

(1)托烷生物碱类鉴别试验中，如供试品量少，显色不明显时，可改用氢氧化钾小颗粒少许，则在氢氧化钾表面形成深紫色。

(2)水杨酸盐鉴别试验中，水杨酸与三氯化铁的反应极为灵敏，只需取稀溶液进行试验，如取用量大，产生颜色过深，可加水稀释后观察。

(3)枸橼酸盐鉴别试验中，高锰酸钾的加入量不宜过多，否则枸橼酸盐将被进一步氧化，致使在加硫酸汞试液或溴试液后均不生成白色沉淀。

(4)钠的火焰试验：本反应极灵敏，最低检出量约为 0.1 ng 的钠离子，若由于试药和所用仪器引入微量钠盐时，均能出现鲜黄色火焰，故应在测试前，将铂丝烧红，趁热浸入盐酸中，如此反复处理，直至火焰不现黄色，再蘸取试样进行试验。只有当强烈的黄色火焰持续数秒钟不退，才能确认为正反应。

(5)钡盐鉴别试验中，透视观察所用的绿色玻璃应选能透过 488 nm 波长的滤光片。

(6)铋盐鉴别试验中，必须注意供试溶液的浓度，若铋盐量少时，只能形成红棕色溶液而无沉淀产生，且最后一步反应现象不明显。

(7)银盐鉴别试验中，加稀盐酸后生成的白色氯化银沉淀，可被光分解，其颜色变为灰黑色，故试验宜避光进行。

(8)锌盐鉴别试验中，加硫酸铜量不宜多，因少量铜(Cu^{2+})的存在，则可使沉淀着色，根据 Cu^{2+} 的含量不同，出现的颜色也不同，如表 3-1。

表 3-1 Cu^{2+} 的不同浓度对锌盐鉴别的影响表

Zn^{2+}/Cu^{2+}	>10	=10	=1	=1/10	<1/10
着色	白色	紫红色	黑色	深绿色	绿色

3.5　要求

用文字或列表形式至少记录三种渔药鉴别试验中的反应现象或结果。

3.6　考核

3.6.1　过程评价要点及标准

1. 预习:实训前应根据教材认真预习,写出简要的预习报告。
2. 操作:规范操作,认真完成实训步骤的所有内容。
3. 记录:认真观察,如实、准确记录实训结果。
4. 整理:整理好实训器材,并放回原处。

3.6.2　终结评价要点及标准

1. 掌握不同渔用药物离子或基团的特性,熟悉并掌握常用渔用药物的一般鉴别试验操作方法。
2. 认真撰写实训报告,格式与字迹规范。
3. 实训报告内容包含以下部分:目标、实训材料与方法、步骤、要求。

3.7　思考题

药物一般鉴别试验包括哪些项目?化学鉴别方法有哪几种?

实训四

漂白粉有效氯的简易测定

4.1 目标

1. 了解漂白粉的性质、用途及作用原理。
2. 掌握漂白粉有效氯的三种简易测定方法。

4.2 实训材料与方法

4.2.1 药品

漂白粉、蓝黑墨水、蒸馏水、碘化钾、冰醋酸、精制淀粉、维生素C等。

4.2.2 用具

移液管、吸耳球、量杯或量筒、白瓷碗、玻璃棒、电子天平、药匙、“水生”漂白粉有效氯测定器、玻璃珠、试剂瓶、指管、滴管、研钵、三角烧瓶等。

4.2.3 方法

漂白粉为次氯酸钙、氯化钙和氢氧化钙的混合物，其主要成分为次氯酸钙，遇水产生具有杀菌力的次氯酸和次氯酸离子，次氯酸又放出活性氯和初生态氧，对细菌原浆蛋白产生氯化和氧化反应，从而起到杀菌作用。由于漂白粉极易氧化分解，为确保药效，在使用之前必须对有效氯含量进行测定。

漂白粉有效氯的简易测定方法主要有：蓝黑墨水滴定法、“水生”漂白粉有效氯测定器比色法和维生素C测定法三种。

4.3　步骤

4.3.1　蓝黑墨水滴定法

1. 取样称量

用天平称取需作有效氯含量测定的漂白粉 5 g。

2. 溶液配制

用蒸馏水(或冷开水或一般洁净的水)将漂白粉溶解并稀释至 100 mL,充分搅拌后静置。

3. 取上清液,求每一滴上清液的毫升数

待溶液澄清后,用移液管吸取一定量的上清液,移液管垂直,一滴一滴地滴于白瓷碗内,共滴 38 滴(不能多也不能少),并记下共用去上清液的毫升数,再用 38 滴除其量,得出每一滴溶液的容量(mL)。

4.滴定,求所消耗蓝黑墨水的毫升数

将上面所用过的移液管洗净擦干,吸取少量蓝黑墨水在管壁内转动后弃掉,避免管壁上可能存在着少量的水分,使墨水浓度变稀。然后再吸取定量的蓝黑墨水向碗中的待测溶液进行滴定,一边滴一边用玻璃棒搅拌均匀,溶液颜色由棕色变为黄色,最后出现稳定的蓝绿色时,即为滴定终点,记下所用蓝黑墨水的毫升数。

5. 计算漂白粉有效氯含量

$$\text{漂白粉的有效氯含量}(\%)=\frac{\text{滴定消耗蓝黑墨水的毫升数}}{\text{每一滴上清液的毫升数}}\times\frac{1}{100}$$

6. 举例

若漂白粉稀释溶液滴 38 滴,共用去 2 mL,则每一滴所用的毫升数为:

$$2\div 38=0.05(\text{mL})$$

若滴定漂白粉稀释溶液所用的蓝黑墨水为 1.4 mL,则漂白粉有效氯含量为:

$$\text{漂白粉的有效氯含量}(\%)=\frac{1.4\ \text{mL}}{0.05\ \text{mL}}\times\frac{1}{100}=28\%$$

4.3.2　“水生”漂白粉有效氯测定器比色法

1. 从装在容器里的漂白粉的上、中、下层分别取出大致相同的漂白粉,均匀混合后,用电子天平称取 1.5 g,立即放入标有 500 mL 刻度的试剂瓶中,并加入 10～20 粒玻璃珠。

2. 取准备施放漂白粉的池水 500 mL,先加入大约 100 mL 池水于预先盛有 1.5 g 漂白粉的试剂瓶中,用力摇匀,直到漂白粉全部溶解后再注入其余的 400 mL 池水,再摇匀。

3. 用 5 mL 刻度的指管三支,分别倒入已摇匀的漂白粉溶液到指管的刻度线处。

4. 任取其中一管,分别用有刻度的滴管加入 25%的碘化钾 0.25 mL 和 50%的冰醋酸 0.25 mL。

5. 将三支管里的溶液充分摇匀，把没有加碘化钾和冰醋酸的两管放入比色架(图 4-1)④和⑥孔中。

6. 另在⑤孔中放入一管蒸馏水，加药而显出橙色的一管放入②孔内。

7. 再选取与②孔中溶液颜色相近的标准比色管两支，放入①和③孔内。

8. 然后对着光进行比色，仔细比较并判定②孔中的样品颜色与①和③两管中哪一支标准比色管最接近，即可读出样品中的实际有效氯含量。

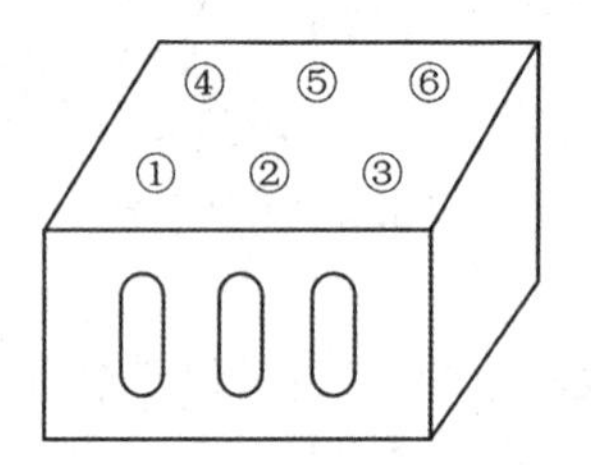

图 4-1　漂白粉有效氯测定法示意图

(仿《鱼病防治手册》)

4.3.3　维生素 C 测定法

维生素 C 具有较强的还原性，水溶液呈酸性。维生素 C 和碘化钾淀粉加在一起时，并不起作用。滴入含氯消毒剂后，其中的有效氯首先与维生素 C 作用，待作用完毕后，多余的有效氯才与碘化钾作用释放出碘，碘再与淀粉生成蓝色。已知 100 mg 维生素 C 可与 40 mg 氯起作用，故根据用去含氯消毒剂量，即可算出含氯消毒剂中有效氯含量。具体操作如下：

1. 配制精制淀粉与 1%漂白粉溶液

(1)精制淀粉配制

用可溶性淀粉加无水酒精润湿，研磨 2 h 后烘干而成。

(2)1%漂白粉溶液配制

称取 5 g 漂白粉置于研钵中，加蒸馏水少许，研磨后倒入 500 mL 量筒内，再加蒸馏水稀释至 500 mL。

2. 取 100 mg 维生素 C 一片，压成粉状，加入盛有 15～20 mL 蒸馏水的三角烧瓶中使其溶解。

3. 加碘化钾晶体 2 小匙(约 200 mg)和精制淀粉 2 小匙至维生素 C 溶液内。

4. 用吸管吸取欲测定的 1%漂白粉溶液，滴入上述溶液内，边滴边搅动至出现蓝色 1 min不褪为止。记录用去 1%漂白粉溶液的毫升数。

5. 计算漂白粉有效氯含量

$$漂白粉有效氯含量(\%)=\frac{400}{用去1\%漂白粉溶液的毫升数}\times\frac{1}{100}$$

6. 举例

若用去 1%漂白粉溶液 25 mL，则该漂白粉有效氯含量为：

$$漂白粉有效氯含量(\%)=\frac{400}{25}\times\frac{1}{100}=16\%$$

4.4　注意事项

1. 在漂白粉取样时，容器的上、中、下各层都要取一定分量，均匀混合。

2. 称漂白粉时，秤盘上须加纸，以免漂白粉腐蚀秤盘。

3. 采用蓝黑墨水滴定法，滴漂白粉上清液及滴蓝黑墨水时，需把移液管垂直，这样滴出的每一滴量较为均匀。整个操作过程要在 0.5 h 内完成，这样所得的结果才基本一致。

4. 采用“水生”漂白粉有效氯测定器比色法，加药次序不要颠倒，应先加碘化钾后加冰醋酸。滴管应专管专用，不要混淆。每次测定结束后应立即将盛有漂白粉的玻璃瓶洗净，比色管、药匙和玻璃珠等也随时洗净备用。碘化钾溶液应为透明无色液体，如已变黄，则必须重新配制。标准比色管分为 5%，7.5%，10%，12.5%，15%，17.5%，20%，22.5%，25%，27.5%，30%等 10 管，比色测定时，如果样品的颜色介于两个标准管之间，则根据颜色的深浅进行估计。

4.5　要求

1. 用蓝黑墨水滴定法测定待测漂白粉样品有效氯，将有效氯测定的实验数据填入表 4-1 中，并计算漂白粉样品中有效氯含量。

表 4-1　漂白粉有效氯测定记录表

次数	消耗蓝黑墨水的毫升数	每一滴上清液的毫升数	漂白粉有效氯含量(%)

2. 用“水生”漂白粉有效氯测定器比色法测定待测漂白粉样品有效氯含量。

3. 用维生素 C 测定法测定待测漂白粉样品有效氯，并计算漂白粉样品中有效氯含量。

4.6　考核

4.6.1　过程评价要点及标准

1. 预习：实训前应根据教材认真预习，写出简要的预习报告。

2. 操作：规范操作，认真完成实训步骤的所有内容。

3. 记录：认真观察，如实、准确记录实训结果。

4. 整理:整理好实训器材,并放回原处。

4.6.2 终结评价要点及标准

1. 了解漂白粉的性质、用途及作用原理,熟练掌握漂白粉有效氯含量的几种简易测定方法,并在规定时间内完成本实训所有内容。

2. 认真撰写实训报告,格式与字迹规范。

3. 实训报告内容包含以下部分:目标、实训材料与方法、步骤、要求。

4.7 思考题

1. 漂白粉中有效氯含量的简易测定方法有哪几种?

2. 蓝黑墨水滴定法中滴漂白粉上清液和滴蓝黑墨水时为何都需把移液管垂直?

实训五

养殖水体测量与用药量的计算

5.1　目标

1. 掌握规则形状与不规则形状水体水面面积与平均水深的测量方法。
2. 掌握全池泼洒法用药量的计算方法。

5.2　实训材料与方法

5.2.1　药品

漂白粉、硫酸铜、硫酸亚铁。

5.2.2　用具

校内外周边池塘、皮尺、竹竿、笔、计算器等。

5.2.3　方法

全池泼洒法是水产动物疾病防治中常用的一种给药方法，此法必须先测量养殖水体的水面面积和平均水深，然后计算出水体积，最后根据药物施用的浓度算出总的用药量。

5.3 步骤

5.3.1 养殖水体水面积的测量与计算

1. 规则形水体

(1)长方形水体

丈量长方形水体水面的长和宽(a、b)。

计算公式:长方形水面面积 $S= a \times b$

(2)正方形水体

丈量正方形水体水面的边长(a)。

计算公式:正方形水面面积 $S= a^2$

(3)三角形水体

常采用以下两种方法求三角形水体面积:

①丈量三角形水体的三个边长(a、b、c)。

计算公式:三角形水面面积 $S=\sqrt{p(p-a)(p-b)(p-c)}$,其中 $p=\dfrac{a+b+c}{2}$。

②丈量三角形水体的任一边(作底长)及其对角顶端的垂直高度(底长 a,高度 h)。

计算公式:三角形水面面积 $S=\dfrac{a\times h}{2}$

(4)梯形水体

丈量梯形水体的上底边、下底边和它们之间的垂直高度(底长 a,下底 b,高度 h)。

计算公式:梯形水面面积 $S=\dfrac{[a+b]\times h}{2}$

(5)菱形水体

丈量菱形水体的边长和它的高度(边长 a,高度 h)。

计算公式:菱形水面面积 $S= a \times h$

(6)圆形水体

丈量圆形水体的直径(d)。

计算公式:圆形水面面积 $S=\pi R^2$;其中 $\pi=3.1416$;$R=\dfrac{d}{2}$,R 为半径

2. 不规则形水体

对于不规则形水体的面积测量通常采用割补法,要求割出的部分与补入的部分大致相等,将不规则形水体划分为若干规则形水体来测量,然后计算各部分的面积,将它们的面积加起来,即为不规则形水体的水面面积。

5.3.2　养殖水体平均水深的测量

测量水体的平均水深，首先要根据水体各处的深浅情况，选择有代表性的测量点数个，深水区域与浅水区域的测量点数比例要适当，然后测量各点水深，最后将各点深度相加，除以测量的总点数，即为平均水深。

若较深区域占全池 5/8，较浅区域占全池 3/8，则在深处选 5 个测量点，在浅处选 3 个测量点，将 8 个测量点深度相加除以 8，即为全池的平均水深。若不知道池塘深浅区域的比例，一般可采用十字形测点法来测量，即将池塘划分纵横交叉两线，在每条线上从离岸 1 m 处开始，每隔一定距离测一点，直到对岸 1 m 处止，然后各点深度相加除以点数，即得平均水深。

5.3.3　养殖水体体积的计算

将所求得的水面面积(S)乘以平均水深(h)即等于水体体积。

计算公式：水体体积 $V = S \times h$

5.3.4　养殖水体总用药量的计算

将所求得的水体积(V)乘以施用的药物浓度(C)，即为总用药量。

计算公式：总用药量$=V \times C$

5.4　注意事项

1. 应正确测量养殖水体的水面面积与平均水深。
2. 药物浓度单位一般用 mg/L 表示，不再用 g/m^3 或 ppm 或 10^{-6} 等表示。

5.5　要求

1. 分组测量一口规则池塘与一口不规则池塘的水面面积、平均水深，并计算出水体体积。

2. 若用 1 mg/L 漂白粉全池泼洒法治疗鱼类细菌性疾病，问各池需用多少克漂白粉？

3. 若用 0.7 mg/L 硫酸铜与硫酸亚铁合剂(5∶2)全池泼洒治疗鱼类原生动物疾病，问各池需用多少克硫酸铜与多少克硫酸亚铁？

5.6 考核

5.6.1 过程评价要点及标准

1. 预习:实训前应根据教材认真预习,写出简要的预习报告。
2. 操作:规范操作,认真完成实训步骤的所有内容。
3. 记录:认真观察,如实、准确记录实训结果。
4. 整理:整理好实训器材,并放回原处。

5.6.2 终结评价要点及标准

1. 掌握规则形状与不规则形状水体的水面积与平均水深测量方法,掌握全池泼洒法用药量的计算方法,并在规定时间内完成本实训所有内容。
2. 认真撰写实训报告,格式与字迹规范。
3. 实训报告内容包含以下部分:目标、实训材料与方法、步骤、要求。

5.7 思考题

1. 如何测量规则形池塘的水面积与平均水深?
2. 如何测量不规则形池塘的水面积?
3. 如何计算全池泼洒法用药量?

实训六

消毒药物的配制与消毒技术

6.1　目标

1. 了解消毒的目的与意义。
2. 掌握常用消毒药物的配制方法。
3. 能对池塘、养殖水体、养殖对象、饲料、肥料和器具等进行常规消毒。

6.2　实训材料与方法

6.2.1　材料

鱼苗、池塘、饲料、常用渔药、电子天平、常用器具、手套和口罩等防护用品。

6.2.2　原理与方法

消毒是指用化学、物理和生物的方法杀灭物体或消除养殖环境和养殖对象的体表与鳃的病原微生物的方法。通过消毒，可将环境中的病原微生物的数量减少到最低或无害化的程度。

在水产动物发病前和发病期间，为了预防疾病的发生或传播、蔓延，都应定期对池塘、养殖水体、养殖对象、养殖器具和饲料等进行消毒。水产养殖生产中常用的消毒方法有清塘、浸洗法、全池遍洒法、浸泡法、挂袋挂篓法等。

1. 清塘

池塘是水产动物生活栖息的场所，也是病原体的滋生场所。通过清塘消毒，可以改良池塘底质和水质，增加水体容量，加固塘堤，减少渗漏，杀灭病原体和敌害生物。彻底清塘通常包括清整池塘和药物清塘两大内容。清塘常用的药物有漂白粉和生石灰。药物清塘后，应待水中药力消失，水质稳定后才能放养养殖动物。

2. 浸洗法

浸洗法是将水产动物置于较小的容器或水体中进行高浓度,短时间的药浴,以杀死其体外的病原体。浸洗法常用的容器有玻璃钢水槽、帆布桶、木制或塑料盆、桶等。浸洗法常用的药物有漂白粉、聚维酮碘、高锰酸钾、福尔马林、敌百虫、硫酸铜与硫酸亚铁等。

3. 全池泼洒法

全池泼洒法就是将药物充分溶解并稀释,再均匀泼洒全池,使池水达到一定的药物浓度,以杀灭水产动物体表及水中的病原体。全池泼洒法常用的药物有含氯消毒剂、生石灰、硫酸铜与硫酸亚铁合剂、敌百虫等。

4. 浸泡法

浸泡法就是将饲料、使用过的用具放入事先配制好的药液中浸泡。浸泡法常用的药物有硫酸铜、高锰酸钾、福尔马林、氯化钠和漂白粉等。

5. 挂袋挂篓法

挂袋挂篓法就是将盛有药物的袋或篓挂在食场的四周,利用水产动物进食场摄食的机会,达到消毒的目的。挂袋挂篓的容器有竹篓、布袋和塑料编织袋。一般易腐蚀的药物放在竹篓内,不易腐蚀的药物装在布袋内。挂袋挂篓法常用的药物有漂白粉、硫酸铜与硫酸亚铁、敌百虫等。

6.3 步骤

6.3.1 消毒药物的配制

配制消毒药物的具体操作步骤如下:

选药→定量称取→放入耐腐蚀容器中→加入少量水→搅拌呈糊状→加水稀释至所需要的量→备用。

6.3.2 清塘消毒

清塘消毒有干塘清塘和带水清塘两种。

1. 干塘清塘消毒具体操作步骤

排干池水→清除过多淤泥→整理池埂、清除杂草→池底四周挖几个小潭→放入生石灰或漂白粉→用水溶化→立即全池泼洒→曝晒→加水浸泡。

2. 带水清塘消毒具体操作步骤

称取定量的生石灰或漂白粉→放入耐腐蚀容器中→加入少量水→搅拌成糊状→加水稀释至所需要的量→全池泼洒。

6.3.3 机体消毒

在分塘换池及苗种、亲本放养时,有必要对鱼等水产动物进行机体消毒。消毒一般采用浸洗法。

机体消毒具体操作步骤如下：

按要求配制消毒药物→放入耐腐蚀容器中→搅拌使其完全溶解→测量水温→放入水产动物(或受精卵)→浸洗适宜时间→观察动态→记录效果→捞出鱼等水产动物(或受精卵)→放入养殖水体(或孵化池)中。

6.3.4　水体消毒

水产养殖用水水质要求应符合国家养殖用水标准。养殖用水的水源基本来自江、河、湖、海及地下水，除进行必要的沉淀、过滤外，还要进行消毒处理，以杀灭水体中的病原体。常用的水体消毒方法是全池泼洒法和挂袋挂篓法。

1. 全池泼洒法具体操作步骤

按要求配制消毒药物→放入耐腐蚀容器中→加入少量水→搅拌溶解→加水稀释→将配制好的药物沿池边均匀地全池泼洒→观察动态→记录效果。

2. 挂袋挂篓法具体操作步骤

应先在养殖水体中选择适宜的位置，然后用竹竿、木棒等扎成三角形或方形框，并将药袋或药篓悬挂在各边框上，悬挂的高度根据水产动物的摄食习性而定。挂在底层的，应离底15～20 cm，篓口要加盖，防止药物浮出篓外；挂到表层的，篓口要露出水面。一般每个食场挂药3～6袋(或篓)，每篓装漂白粉100 g，或每袋装硫酸铜100 g，硫酸亚铁40 g。每天换药1次，连挂3～6 d。

6.3.5　工具消毒

水产养殖生产中，对使用过的器具通常采用浸泡法进行消毒。一般网具、捞海等可用20 mg/L硫酸铜溶液、50 mg/L高锰酸钾溶液、100 mg/L福尔马林溶液或5%氯化钠溶液等浸泡30 min；木制或塑料用具可用5%漂白粉药液消毒。

工具消毒具体操作步骤如下：

将配制好的药物放入耐腐蚀容器中→将用具放入其内浸泡(定时)→取出→用清水洗净→风干或晒干→储存备用。

6.3.6　饵料消毒

投喂的饵料应清洁、新鲜、不带病原体。饵料在投喂前应进行消毒处理，以免将病原带入池中。饵料消毒采用的方法有以下几种：

1. 配合饲料

配合饲料一般不用进行消毒。

2. 植物性饵料

植物性饵料(如水草)可用6 mg/L漂白粉溶液浸泡20～30 min。

3. 动物性饵料

(1)水蚯蚓：可用15 mg/L高锰酸钾溶液浸泡20～30 min。

(2)卤虫卵：可用300 mg/L漂白粉浸泡消毒，淘洗至无氯味时(也可用30 mg/L硫代硫酸钠去氯后洗净)再孵化。

(3)无节幼体或受精卵：可用过氧化氢、有机碘和过滤的干净海水清洗。

①无节幼体

收集无节幼体→在海水中漂洗 1～2 min→在 400 mg/L 过氧化氢溶液中浸泡 0.5～1 min→在0.1 mg/L有机碘溶液中浸泡 1 min→在海水中漂洗 3～5 min→放入孵化池。

②受精卵

收集受精卵→在海水中漂洗 1～2 min→在 100 mg/L 过氧化氢溶液中浸泡 1 min→在 0.1 mg/L 有机碘溶液中浸泡 1 min→在海水中漂洗 3～5 min→放入孵化池。

(4)其他动物性饵料:无论是从外地购进还是自己培养的动物性饵料(含冷冻保存)应用 10 mg/L 漂白粉溶液浸泡消毒 15～20 min,而后用清水洗净再投喂。

饵料消毒具体操作步骤如下:

选定药物→定量称取→放入容器→加水充分搅拌溶解→将饵料放入盛有药物的容器内→定时→将饵料取出→冲洗或不冲洗→投喂

6.3.7 肥料消毒

有机肥料(如粪肥)需发酵后,按每 500 kg 粪加 120 g 漂白粉或 5 kg 生石灰消毒处理后投入养殖池中。无机肥料直接施用即可。

6.3.8 食场消毒

食场常用的消毒方法为挂袋挂篓法。也可定期在食场周围及食台上遍洒漂白粉、硫酸铜、敌百虫等进行消毒,用量要根据食场食台的大小、水深、水质及水温而定,一般为 250～500 g。

6.4 注意事项

1. 药物应充分溶解,勿用金属容器盛放药物。

2. 应注意自身防护,避免药物对人体的伤害。

3. 全池遍洒药物时,应注意正确丈量水体;泼药和投饵不宜同时进行,应先喂食后泼药;泼药时间一般在晴天上午进行,对光敏感的药物宜在傍晚进行;操作者应位于上风处,从上风处往下风处泼;遇到雨天、低气压或浮头时不应泼药。

4. 进行水产动物机体消毒时,应注意药液最好现配现用;先配药液,后放浸洗对象;浸洗时间应根据水温、药物浓度、浸洗对象的忍耐程度等灵活掌握。

5. 进行食场或水体消毒时,应注意挂袋挂篓总用药量不应超过该药全池遍洒的剂量;放药前宜停食 1～2 d,持续挂袋 3～5 d;悬挂高度根据鱼摄食习性确定。

6. 受精卵消毒方法同无节幼体,但其对过氧化氢溶液的敏感性比无节幼体高,过氧化氢溶液浸泡浓度仅为 100 mg/L。

7. 鲜活饵料消毒时,一定要将药物混合均匀,避免药物局部过量,水生物误食后中毒。

8. 使用高锰酸钾溶液消毒工具时,浸泡时间不宜过长,若超过 1 h,容器、工具上会产生棕褐色沉淀,不易清洗。

6.5　要求

1. 配制 10 mg/L 漂白粉溶液和 0.7 mg/L 硫酸铜溶液。
2. 用 10 mg/L 漂白粉溶液对鱼体进行消毒，要求写出操作要点与注意事项。
3. 用 0.7 mg/L 硫酸铜溶液对水体进行消毒，要求写出操作要点与注意事项。

6.6　考核

6.6.1　过程评价要点及标准

1. 预习：实训前应根据教材认真预习，写出简要的预习报告。
2. 操作：规范操作，认真完成实训步骤的所有内容。
3. 记录：认真观察，如实、准确记录实训结果。
4. 整理：整理好实训器材，并放回原处。

6.6.2　终结评价要点及标准

1. 掌握常用消毒药物的配制方法，能进行池塘、养殖水体、养殖对象、饲料、肥料和用具等常规消毒，并在规定时间内完成本实训所有内容。
2. 认真撰写实训报告，格式与字迹规范。
3. 实训报告内容包含以下部分：目标、实训材料与方法、步骤、要求。

6.7　思考题

1. 简述工具的消毒方法。
2. 简述饵料的消毒方法。

实训七

组织浆灭活疫苗的简易制备及使用

7.1 目标

了解并掌握组织浆灭活疫苗制备的基本过程及其使用方法。

7.2 实训材料与方法

7.2.1 材料

患有草鱼出血病典型症状的天然发病或人工感染发病的草鱼(或以健康草鱼代替)。

7.2.2 药品

甲醛、碘酒、生理盐水、90%晶体敌百虫、青霉素、链霉素等。

7.2.3 用具

解剖器械、玻璃匀浆器或研钵、三角瓶、注射器、水浴锅、玻璃漏斗、脱脂纱布、离心机、离心管、天平、量筒、琼脂培养平板、超净工作台、恒温培养箱、显微镜、小封口瓶、石蜡等。

7.2.4 方法

草鱼出血病组织浆灭活疫苗是利用患典型症状的天然发病或人工感染发病鱼的肝脏、脾脏、肾脏和肌肉等组织,经科学的疫苗制备方法制成。灭活疫苗具有安全性好、制备容易,免疫力持久性差等特点。

7.3　步骤

7.3.1　疫苗制备

1. 取材

取患有典型草鱼出血病症状的自然死亡或濒临死亡的草鱼(最好是活的个体),用酒精或碘酒消毒鱼体腹部,用消毒剪刀从肛门向前剪开腹腔,再用消毒镊子取出肝脏、脾脏、肾脏及充血的肌肉组织,称重,剪碎,放在组织匀浆器或研钵中。

2. 研磨

将所取的内脏组织加10倍无菌生理盐水,用研杵充分捣碎、研磨成糊状,或使用匀浆器将组织匀浆捣碎。

3. 过滤、离心取上清液

用双层纱布过滤于三角烧瓶中,弃去滤渣置于3 000～3 500 rpm的离心机中,低温离心30 min,取上清液。同时按每毫升上清液加入青霉素1 000国际单位和链霉素1 000 μg,最后再加入适量福尔马林溶液,使其最终浓度成为0.1%,摇匀。

4. 灭活

将上述制成的原毒疫苗,放在恒温水浴锅中加温至32 ℃灭活72 h。在灭活过程中,每天摇匀两次。

5. 细菌检查

将已灭活的去毒疫苗在琼脂培养平板上划线接种,放入37 ℃恒温培养箱培养48～72 h,观察无细菌生长。

6. 安全试验

取上述灭活好的疫苗,用当年健康的草鱼种进行腹腔注射,每尾注射0.2～0.5 mL,在水温25～28 ℃的水体中饲养,连续观察15 d,如果没有发现草鱼出血病症状,证明此疫苗是安全的。

7. 效力试验

对经上述疫苗免疫过的草鱼种,另用1∶10新鲜的或甘油保存的病鱼组织制成病毒悬液,每尾按0.2～0.5 mL经腹腔注射,并设未经免疫的对照组,连续观察15 d,若对照组全部发生出血病,死亡率在70%以上,病鱼症状与天然发病鱼的症状一样,而免疫组获得保护,仍健康存活,说明该疫苗有效,否则说明疫苗无效或效力不够。

8. 保存

疫苗检验合格后,装进小封口瓶,以石蜡封口,置于4～8 ℃冰箱中保存备用。

7.3.2　疫苗应用

鱼类常用的免疫接种方法有注射法、浸洗法、口服法和喷雾法等。目前以注射法免疫接种效果较好。

1. 注射法

一般要求苗种体重在 50 g 以上，规格过小难以操作。注射法免疫具体操作步骤如下：

(1)用 1/500～1/400 的 90%晶体敌百虫药液浸洗鱼体，既可以将鱼体麻醉，便于注射，又可以杀灭鱼体表的寄生虫。

(2)将制备好的去毒灭活疫苗，充分混匀，然后按 1∶100 的比例用生理盐水稀释，每尾草鱼种注射剂量为 0.2～0.5 mL，采用胸鳍基部或背部肌肉注射，注射深度以不伤内脏为准，一般为 0.2～0.5 cm。

2. 浸泡法

适用于不同规格的苗种，尤其是小规格苗种。浸泡法免疫具体操作方法：用尼龙袋充氧，以 0.5%灭活疫苗加 10 mg/L 莨菪碱溶液浸浴夏花草鱼种 3 h。

7.4 注意事项

1. 制备疫苗时，必须选择有明显症状的病鱼组织。病鱼材料来源：少量使用时可在发病鱼池挑选自然患病草鱼；大量制备疫苗，可采用人工攻毒的方法获得病鱼。

2. 制备疫苗必须灭活彻底，必须进行安全试验和效力试验。

3. 接种对象必须是健康草鱼种。

4. 疫苗稀释时应现配现用，稀释好的疫苗要 1 次用完。

5. 夏花草鱼种浸泡免疫前最好停食 1 d，并拉网锻炼 1 次。

7.5 要求

制备草鱼出血病组织浆灭活疫苗。

7.6 考核

7.6.1 过程评价要点及标准

1. 预习：实训前应根据教材认真预习，写出简要的预习报告。

2. 操作：规范操作，认真完成实训步骤的所有内容。

3. 记录：认真观察，如实、准确记录实训结果。

4. 整理：整理好实训器材，并放回原处。

7.6.2　终结评价要点及标准

1. 了解并掌握组织浆灭活疫苗制备的基本过程及其使用方法，并在规定时间内完成本实训所有内容。

2. 认真撰写实训报告，格式与字迹规范。

3. 实训报告内容包含以下部分：目标、实训材料与方法、步骤、要求。

7.7　思考题

1. 制备草鱼出血病组织浆灭活疫苗时为何要进行安全试验与效力试验？

2. 夏花草鱼种浸泡免疫接种时，为何要在组织浆灭活疫苗中加莨菪碱溶液？

模块二

水产动物疾病的诊断

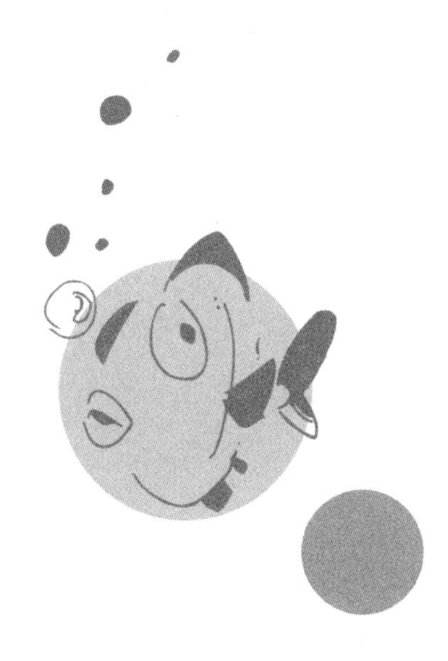

实训八

培养基的制备

8.1　目标

1. 熟悉分离、培养细菌前的有关准备工作及操作。
2. 了解一般培养基制备的原则和要求。
3. 掌握一般培养基常规制备的程序和培养基灭菌的原理与方法。

8.2　实训材料与方法

8.2.1　药品

待配各种培养基的组成成分、0.1 mol/L 和 1 mol/L 的 NaOH 溶液、0.1 mol/L 和 1 mol/L的 HCL 溶液。

8.2.2　用具

天平、高压蒸汽灭菌器、电热烘箱、恒温培养箱、电炉、移液管、培养皿、试管、烧杯、量筒、锥形瓶、玻璃漏斗、漏斗架、pH 试纸或酸度计、记号笔、称量纸、药匙、棉花、纱布、线绳、塑料试管盖、牛皮纸、报纸等。

8.2.3　原理与方法

1. 培养基制备原理

培养基是用人工方法，将多种营养物质根据各种微生物生长的需要而合成的一种混合营养料。培养基中一般含有碳源、氮源、无机盐类、水及某些生长因子(维生素、辅酶等营养物质)，有的还有鉴别细菌用的糖(醇)类、指示剂、抑菌剂等。培养基除了要满足微生物生长所要求的各种营养物质外，还应保证微生物所需要的其他生活条件，如适宜的酸碱度、渗透压等。因此，根据不同种类微生物的要求，应将培养基矫正到一定的 pH 值范围。

细菌培养必须有适合细菌生长繁殖的培养基。不同种类的细菌对营养的要求有显著的差别。因此，需要配制不同种类的培养基。培养基按其形态有固体、半固体和液体之分。固体培养基的成分与液体相同，仅在液体培养基中加入凝固剂作支持物，通常加入 1.5%～2.0%的琼脂。半固体培养基加入 0.3%～0.5%的琼脂作支持物，有时也可用明胶或硅胶作为凝固剂。

2. 培养基灭菌方法

由于配制培养基的容器和各类营养物质等含有各种微生物，因此，玻璃器皿应事先灭菌，已配制好的培养基必须立即灭菌，以防止其中的微生物生长繁殖而消耗养分和改变培养基的酸碱度而带来不利的影响。

空玻璃器皿常用干热灭菌法灭菌，如包装好的培养皿、移液管、吸管等。干热灭菌一般是利用电热烘箱作为干热灭菌器，通过干热空气杀灭微生物。干热灭菌所需温度高(160～170 ℃)，时间长(1～2 h)。它不能用于带有橡胶或塑料的物品、液体及固体培养基等的灭菌。

培养基一般采用高压蒸汽灭菌法灭菌。高压蒸汽灭菌是利用高压灭菌器，使水的沸点在密闭的灭菌器内随压力升高而增高，以此提高蒸汽的温度和灭菌的效果。在同一温度下湿热的杀菌效率比干热大。因为微生物细胞蛋白质在湿热情况下易凝固。同时湿热的穿透力强，当水蒸气与被灭菌的物品相接触后，便放出汽化潜热，逐步提高被灭菌物品的温度，直至与水蒸气的温度相等，达到平衡为止，从而提高灭菌效率。

8.3 步骤

8.3.1 常用器皿的准备

1. 玻璃器皿的洗涤

玻璃器皿使用前必须洗刷干净。将锥形瓶、试管、培养皿、量筒等浸入含有洗涤剂的水中，用毛刷刷洗后用自来水及蒸馏水冲净。移液管先用含有洗涤剂的水浸泡，再用自来水及蒸馏水冲洗。洗刷干净的玻璃器皿置于烘箱中烘干后备用。

2. 培养皿、移液管等的包装

(1)培养皿的包装

可用报纸将几套培养皿包成一包，或者将几套培养皿直接置于特制的铁皮圆筒内(图 8-1)，加盖灭菌。包装后的培养皿须经灭菌之后才能使用。

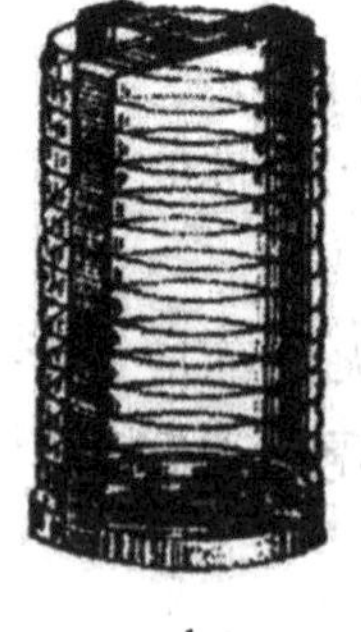
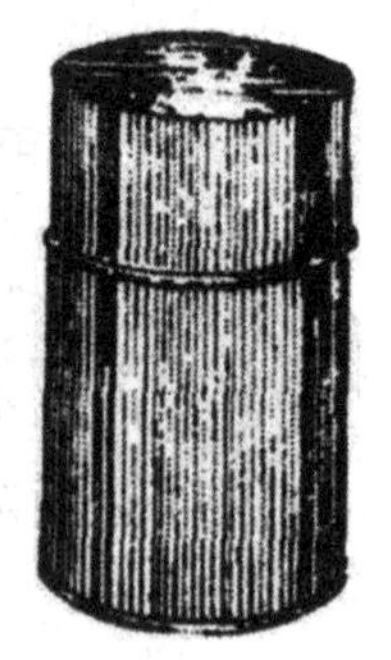

1　　2

1. 内部框架　2. 带盖外筒

图 8-1　装培养皿的金属筒

(2)移液管的包装

①塞棉花

在移液管的上端塞入一小段棉花(勿用脱脂棉)，它的作用是避免外界及管口杂菌吹入管内，并防止菌液等吸出管外。塞入此小段棉花应距管口 0.5 cm 左右，棉花自身长度 1～1.5 cm。塞棉花时，可用一外圈拉直的曲别针，将少许棉花塞入管口内。棉花要塞得松紧适宜，吹时以能通气而又不使棉花滑下为准。

②包装

先将报纸裁成宽 5 cm 左右的长纸条，然后将已塞好棉花的移液管尖端放在长条报纸的一端，约成 45°角，折叠纸条包住尖端，用左手握住移液管身，右手将移液管压紧，在桌面上向前搓转，以螺旋式包扎起来。上端剩余纸条，折叠打结，准备灭菌。移液管包装方法见图 8-2。

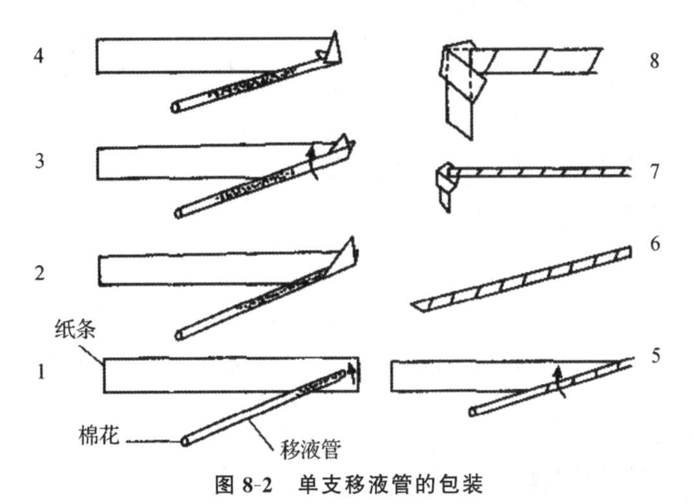

图 8-2　单支移液管的包装

(仿《兽医微生物学实验教程》，胡桂学.中国农业大学出版社，2006)

3. 棉塞的制作及试管、锥形瓶的包扎

棉塞的作用为过滤空气，使试管及锥形瓶内外空气可以流通，但外界空气中杂菌不能进入，可避免污染。试管口及锥形瓶口都要加塞棉花塞。

(1)试管棉塞的制作与试管的包扎

制作棉塞时，应选用大小、厚薄适中的普通棉花一块，铺展于左手拇指和食指扣成的圆孔上，用右手食指将棉花从中央压入圆孔中制成棉塞，然后直接压入试管口或锥形瓶口，或借用玻璃棒塞入。也可用折叠卷塞法制作棉塞，棉塞制作方法见图 8-3。

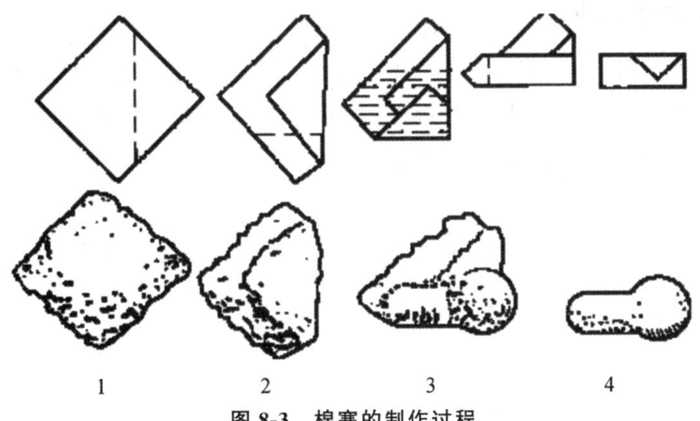

图 8-3　棉塞的制作过程

(仿《水处理工程实验技术》，张学洪等.冶金工业出版社，2016)

正确制作的棉塞是形状、大小、松紧应与试管(或三角烧瓶)完全适合,紧贴管壁,不留缝隙,以防外界微生物沿缝隙侵入,棉塞不宜过紧或过松。塞好后以手提棉塞,试管不下落为准。试管棉塞的长度为 3 cm 左右。棉塞头部稍大,试管外部分约占 1/3,塞入试管内部分约占 2/3(图 8-4)。目前也有采用金属或塑料试管帽代替棉塞,直接盖在试管口上,灭菌待用。将装好培养基并塞好棉塞或盖好管帽的试管用线绳捆成一捆,外面包上一层牛皮纸,用铅笔注明培养基名称及配制日期,灭菌待用。

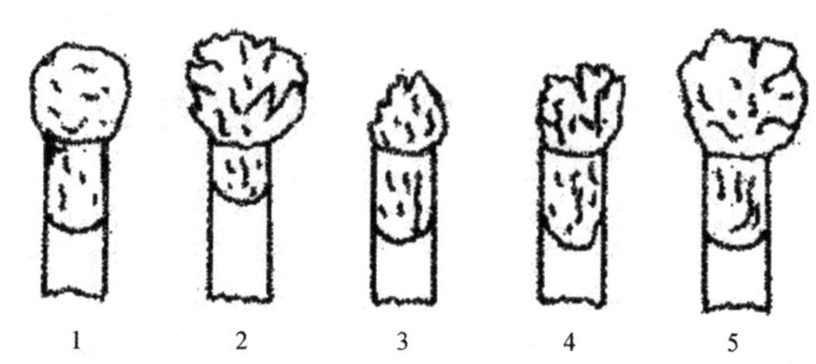

1. 正确式样　2. 管内部分太短,管外部分太松　3. 管外部分过小
4. 整个棉塞太松　5. 管内部分太紧,管外部分太松

图 8-4　试管棉塞的规范要求

[仿《微生物学实验(实验指导分册)》,闽航.浙江大学出版社,2005]

(2)锥形瓶棉塞的制作与锥形瓶的包扎

通常在棉塞外包上一层纱布,再塞在瓶口上。有时为了进行液体振荡培养加大通气量,则可用八层纱布代替棉塞包在瓶口上。目前也有采用无菌培养容器封口膜直接盖在瓶口上,既保证良好通气,过滤除菌,又操作简便。在装好培养基并塞好棉塞或包上八层纱布或盖好培养容器封口膜的锥形瓶口上,再包上一层牛皮纸并用线绳捆好,灭菌待用。

4. 玻璃器皿干热灭菌

干热灭菌时,将要灭菌器皿包好,放入电热烘箱内,关好箱门,接通电源,打开排气孔,调节温度至 160～170 ℃,维持 1～2 h。当温度升至 80 ℃以上切勿打开烘箱,以免引起玻璃器皿破裂和火灾。灭菌后,当温度降至 30～40 ℃时,打开箱门,取出灭菌器皿。

8.3.2　培养基的制备

培养基的种类虽多,但其制备的基本程序是相似的。培养基制备的一般程序如下:

称量药品→溶解→定容→调节 pH 值→溶化琼脂→过滤→分装→包装标识→灭菌→搁斜面或倒平板→无菌检查→贮存。

1. 称量药品

按照培养基的配方,准确称取各种药品于烧杯中。常见的普通培养基有普通肉汤培养基和普通营养琼脂培养基,其配方如下:

(1)普通肉汤培养基

牛肉膏 5 g

蛋白胨 10 g

氯化钠 5 g

磷酸氢二钾 1 g

蒸馏水 1 000 mL

pH 7.4～7.6

(2)普通营养琼脂培养基

普通肉汤 1 000 mL

琼脂 20 g

2. 溶解

用量筒取一定量(约占总量的 1/2)蒸馏水倒入烧杯中，在放有石棉网的电炉上小火加热溶解，并用玻棒搅拌，以防液体溢出。

3. 定容

待各种药品完全溶解后，停止加热，补足蒸馏水到所需要的水量。

4. 调节 pH 值

初制备好的培养基往往不能符合所要求的 pH 值，故需用 pH 试纸或酸度计来矫正。如培养基偏酸(或偏碱)时，可用 1 mol/L 的 NaOH(或 HCL)溶液进行调节。调节 pH 值时，应逐滴加入 NaOH(或 HCl)溶液，防止局部过碱(或过酸)，破坏培养基中成分。边加边搅拌，并不时用 pH 试纸测试，直至达到所需 pH 值为止。

5. 溶化琼脂

固体或半固体培养基须加入一定量琼脂，琼脂加入后，置电炉上一面搅拌一面加热，直至琼脂完全融化后才能停止搅拌，并补足水分(水需预热)。注意控制火力不要使培养基溢出或烧焦。在制备用三角瓶盛固体培养基时，也可将一定量的液体培养基分装于三角瓶中，然后按一定量将琼脂直接分别加入各三角瓶中，不必加热溶化，而是灭菌和加热溶化同步进行。

6. 过滤

配成的培养基，若有沉淀或浑浊，需澄清透明后方可使用。液体培养基用滤纸过滤，固体培养基则用双层纱布(中间夹一层薄脱脂棉)过滤。

7. 分装

根据不同的需要，将制好的培养基分装在不同规格的试管或三角烧瓶内，分装量不宜超过容器的 2/3，以免灭菌时溢出。具体分装有如下要求：

(1)液体

分装高度以试管高度的 1/4 左右为宜；分装三角烧瓶的量以不超过三角烧瓶容积 1/2 为宜。

(2)固体

分装试管的量为试管高度的 1/5，灭菌后制成斜面；倒平板的培养基每个平皿装 15～20 mL。

(3)半固体

分装试管一般以试管高度 1/3 为宜。灭菌后制成斜面或垂直待凝成半固体深层琼脂。

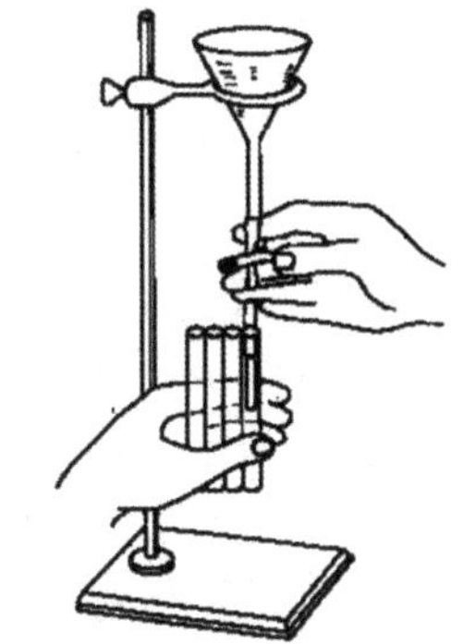

图 8-5　培养基分装装置

(仿《水处理工程实验技术》，张学洪等.冶金工业出版社，2016)

分装培养基，通常使用大漏斗(小容量分装)。在分装装置(图 8-5)的下口连有一段橡皮软管，橡皮管下面再连一小段末端开口处略细的玻璃管。在橡皮管上夹一个弹簧夹。分装时，将玻璃管插入试管内。不要触及管壁，松开弹簧夹，注入定量培养基，然后夹紧弹簧夹，止住液体，再抽出试管，仍不要触及管壁或管口。

8. 包装标识

培养基分装好后，塞上棉塞，用防水纸包扎成捆，用铅笔注明培养基名称及配制日期。

9. 灭菌

一般培养基需要 121 ℃高压灭菌 20～30 min。培养基高压蒸汽灭菌操作步骤如下：

(1)将用防水纸包好(防止锅内水汽把棉塞淋湿)的灭菌物品，如分装在试管、三角烧瓶中的培养基和无菌水，棉塞、硅胶泡沫塞等，放入灭菌锅内的套筒中。摆放要疏松，不可太挤，否则阻碍蒸汽流通，影响灭菌效果。

(2)将灭菌锅盖的排气管插入套筒侧壁的凹槽内，关闭灭菌锅盖旋紧螺栓，切勿漏气。

(3)打开放气阀，加热，热蒸汽上升，以排除锅内冷空气，排气 5～10 min，直至压力表的压力恢复到零，关闭放气阀。

(4)关闭放气阀后，整个灭菌锅成为密闭状态，而蒸汽又不断增多，当温度升至 121 ℃，压力达 0.1 MPa 时，保持 20～30 min，即达到灭菌目的。

(5)灭菌完毕，待压力自然降至"0"时，打开放气阀。

(6)打开灭菌锅盖，取出已灭菌的器皿及培养基。

10. 搁斜面或倒平板

(1)搁斜面

将已灭菌装有琼脂培养基的试管，趁热搁置于木棒或玻棒上，使成适当斜度，凝固后即成斜面。斜面长度不超过试管长度 1/2 为宜，斜面培养基摆法见图 8-6。如制作半固体或固体深层培养基时，灭菌后则应垂直放置至冷凝。

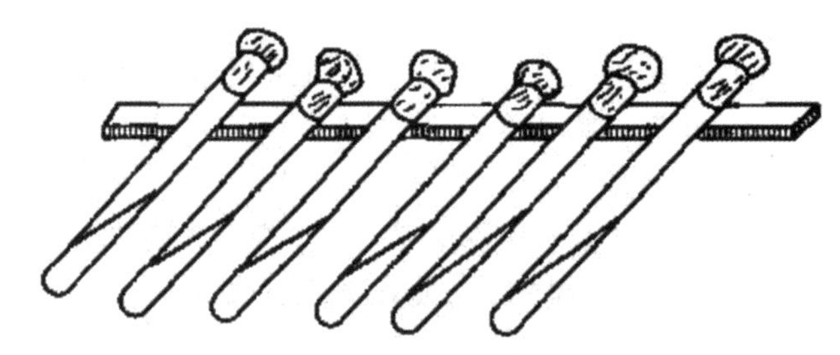

图 8-6 斜面培养基摆法

仿《水处理工程实验技术》，张学洪等.冶金工业出版社，2016)

(2)倒平板

将装在锥形瓶或试管中已灭菌的琼脂培养基融化后，待冷至 50 ℃左右倾入无菌培养皿中。温度过高时，皿盖上的冷凝水太多，温度低于 50 ℃，培养基易于凝固而无法制作平板。

平板的制作应在酒精灯旁进行，左手拿培养皿，右手拿锥形瓶的底部或试管，左手同时用小指和手掌将棉塞打开，灼烧瓶口，用左手大拇指将培养皿盖打开一缝，至瓶口正好伸入，倾入 10～12 mL 的培养基，迅速盖好皿盖，置于桌上，轻轻旋转平皿，使培养基均匀分布于整个平皿中，冷凝后即成平板(图 8-7)。

10. 培养基的无菌检查

灭菌后的培养基，一般需进行无菌检查。最好从中取出 1～2 管(瓶)，置于 37 ℃恒温培

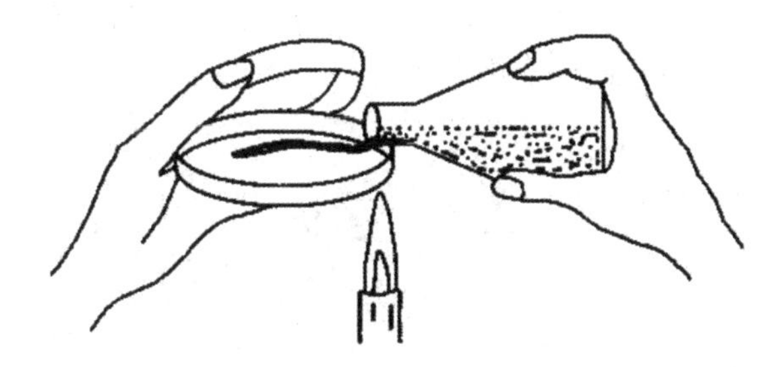

图 8-7　将培养基倒入培养皿内

（仿《兽医微生物学实验教程》，胡桂学.中国农业大学出版社，2006）

养箱中培养 1～2 d，确定无菌生长后方可使用。

11. 贮存

经无菌检查，证实培养基已经灭菌彻底后，收藏于冰箱中备用，存放期间尽量避免反复移位或晃动等易造成污染的行为。

8.3.3　无菌水的制备

无菌水是为下一次微生物分离实验所需而准备。在每个 250 mL 的锥形瓶内装 99 mL 的蒸馏水并塞上棉塞。在每支试管内装 4.5 mL 蒸馏水，塞上棉塞或盖上塑料试管盖，再在棉塞外包一张牛皮纸。高压蒸汽 121 ℃灭菌 20 min。

8.4　注意事项

1. 所用器皿要洁净，勿用铜质和铁质器皿。

2. 加热溶解过程中，要不断搅拌，以免琼脂或其他固体物质粘在烧杯底上烧焦，以致烧杯破裂。加热过程中所蒸发的水分应补足。

3. pH 值必须按各种不同培养基的要求准确矫正。

4. 分装培养基时，不得使培养基在瓶口或管壁上端沾染，以免引起杂菌污染。

5. 培养基灭菌的时间和温度，需按照各种培养基的规定进行，以保证杀菌效果和不损失培养基的必要成分。

6. 培养基进行高压蒸汽灭菌完毕，不能过早打开放气阀，否则，突然降压致使培养基冲腾，使棉塞、硅胶泡沫塞沾污，甚至冲出容器以外。

8.5　要求

1. 每组制备一种培养基 300 mL，其中 200 mL 分装于 2～3 个锥形瓶中，另外 100 mL 分装入试管，每管 5～7 mL，灭菌后制成斜面。

2. 每组制备无菌水 1 瓶(100 mL)、无菌水试管 4 支，进行高压蒸汽灭菌。

3. 每组准备培养皿 10 套，进行干热灭菌。

8.6 考核

8.6.1 过程评价要点及标准

1. 预习：实训前应根据教材认真预习，写出简要的预习报告。
2. 操作：规范操作，认真完成实训步骤的所有内容。
3. 记录：认真观察，如实、准确记录实训结果。
4. 整理：整理好实训器材，并放回原处。

8.6.2 终结评价要点及标准

1. 了解一般培养基制备的原则和要求，熟悉分离、培养微生物前的有关准备工作及操作，掌握一般培养基常规制备程序、培养基灭菌的原理与方法，并在规定时间内完成本实训所有内容。

2. 认真撰写实训报告，格式与字迹规范。

3. 实训报告内容包含以下部分：目标、实训材料与方法、步骤、要求。

8.7 思考题

1. 如何制备培养基?

2. 培养基制备过程应注意哪些事项？为什么要调节培养基的 pH 值?

3. 如何制作斜面培养基及平板培养基?

4. 为什么移液管口或滴管口的上端均需塞上一小段棉花，再用报纸包起来，经高压蒸汽灭菌后才能使用?

实训九

致病菌的分离与培养

9.1　目标

掌握致病菌的分离与培养方法。

9.2　实训材料与方法

9.2.1　材料

病料、实验菌种斜面培养物、牛肉膏蛋白胨琼脂培养基。

9.2.2　药品

无菌水、无菌生理盐水。

9.2.3　用具

接种环、手术刀、镊子、剪刀、酒精灯、火柴、记号笔、恒温培养箱、超净工作台、无菌培养皿，显微镜等。

9.2.4　原理与方法

分离培养就是把病料中的病原微生物或者把目的菌从混杂的微生物群体中分离培养出来，并获得分离物的单一生长材料，进行疾病诊断和相关研究。

平板划线分离法是较为常用的分离方法。平板划线分离法是接种环在平板培养基表面通过分区划线而达到分离微生物的一种方法，通过将微生物样品在固体培养基表面多次"由点到线"的稀释而达到分离单菌落的目的。若需从平板上获取纯种，则挑取一个菌落做纯培养。

9.3 步骤

9.3.1 倒制平板

将牛肉膏蛋白胨琼脂培养基加热溶化，待冷至 50 ℃左右时倒入无菌培养皿，即成平板。倒平板方法详见实训八。

9.3.2 平板划线分离

平板划线分离具体操作过程大致如下：

1. 无菌操作取病料

(1)液体病料：可直接用灭菌的接种环(图 9-1)取病料一环。

(2)固体病料：先将烙刀在酒精灯上灼烧灭菌，立即烧烙病料表面的细菌，并在烧烙部位刺一小口，将灭菌的接种环从刺入小口内伸入组织中取内部病料。

(3)实验菌种斜面培养物病料：可直接用灭菌的按种环挑取斜面培养基表面少量的实验菌菌苔。

2. 划线分离

(1)左手握住琼脂平板，用大拇指和食指抬起皿盖，同时靠近火焰周围，右手持接种环伸入皿内，在平板上一个区域作“之”形来回划线。划线时，使接种环与平板表面成 30°～40°角轻轻接触，以腕力在表面做较快的滑动，勿使平板表面划破或嵌进培养基内(图 9-2)。

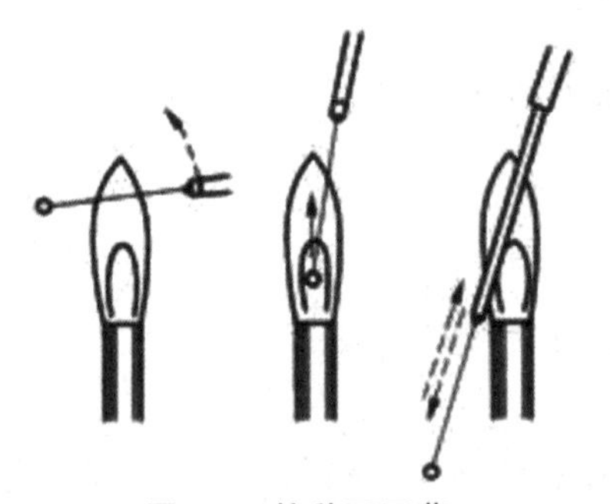

图 9-1 接种环灭菌

(仿《水处理工程实验技术》，张学洪等.
冶金工业出版社，2016)

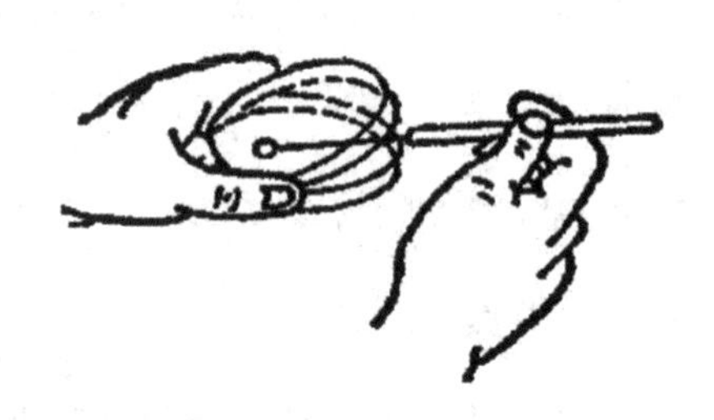

图 9-2 平板划线

(仿《预防兽医学实验教程》，田丽红.
东北林业大学出版社，2008)

(2)灼烧接种环，以杀灭接种环上剩余的菌体。待冷却后，再将平皿转动一定的角度，接种环通过划过线的区域，在第二区域继续划线。

(3)再灼烧接种环，冷却后用同样的方法在其他区划线(图 9-3)。

也可选用其他划线方式，详见图 9-4。

3. 培养

全部划线完毕后，在平皿底注明菌种、组别、姓名和日期等，将培养皿倒置放入 37 ℃恒

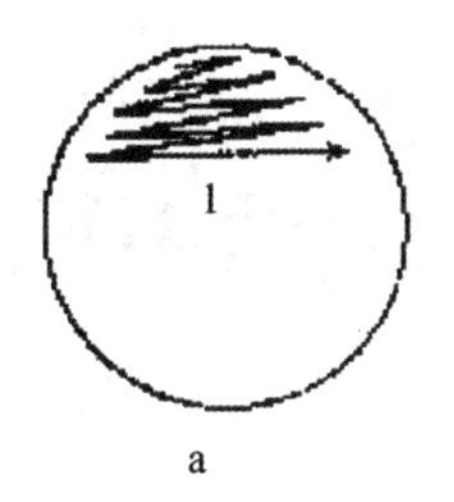

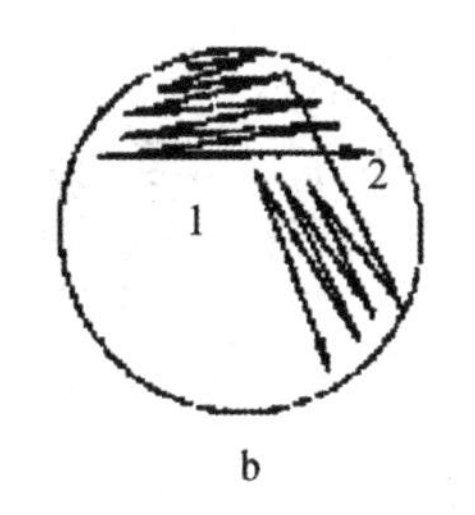

a、b、c 分别为 1、2、3 次划线

图 9-3　平板划线法

(仿《预防兽医学实验教程》,田丽红.东北林业大学出版社,2008))

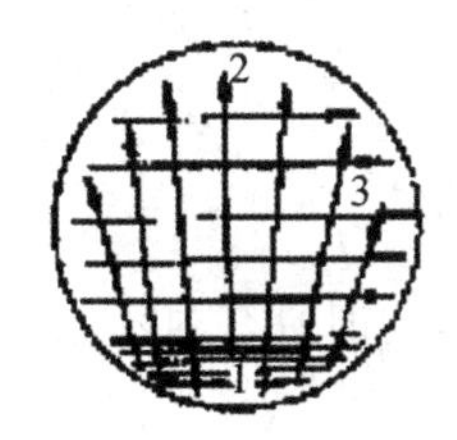

图 9-4　几种划线方式示意图

(仿《预防兽医学实验教程》,田丽红.东北林业大学出版社,2008))

温箱中培养。

4. 观察

适当温度培养 24～48 h 后,取出观察。挑取形态一致的单个优势菌落再进行划线分离培养,直至获得纯化的菌株,最后转种到营养琼脂斜面保存,备用。

9.4　注意事项

1. 整个过程要严格无菌操作。

2. 分离培养时,挑取待检材料应尽可能少,以免形成大量菌苔。

3. 平板划线分离培养时,接种环灼烧灭菌后应注意冷却,以免烫死病原菌。

4. 划线时,应先将接种环稍弯曲,环与皿内琼脂面平行,使用腕力,避免划破琼脂。划线不宜过多重复旧线,以免形成菌苔。

9.5　要求

观察平板上单菌落数量和杂菌形成的情况,并做好记录。

9.6 考核

9.6.1 过程评价要点及标准

1. 预习:实训前应根据教材认真预习,写出简要的预习报告。
2. 操作:规范操作,认真完成实训步骤的所有内容。
3. 记录:认真观察,如实、准确记录实训结果。
4. 整理:整理好实训器材,并放回原处。

9.6.2 终结评价要点及标准

1. 掌握致病菌的划线分离培养方法,并在规定时间内完成本实训所有内容。
2. 认真撰写实训报告,格式与字迹规范。
3. 实训报告内容包含以下部分:目标、实训材料与方法、步骤、要求。

9.7 思考题

平板划线时,为什么每次都需将接种环上的剩余物烧掉?

实训十

显微镜的使用与细菌形态的观察

10.1　目标

1. 熟悉显微镜的使用及维护方法。
2. 掌握细菌抹片制备技术。
3. 掌握简单染色法和革兰氏染色法的基本原理与方法。

10.2　实训材料与方法

10.2.1　材料

大肠杆菌、金黄色葡萄球菌。

10.2.2　药品

生理盐水、蒸馏水、香柏油、乙醇乙醚混合物或二甲苯、简单染色染料、革兰氏染色染料(草酸铵结晶紫液、革兰氏碘液、95%乙醇、番红染液)。

10.2.3　用具

显微镜、接种环、载玻片、吸水纸、擦镜纸、烧杯、火柴、酒精灯、镊子、记号笔等。

10.2.4　原理与方法

细菌形态检查有两种方法:不染色法和染色法。染色法又分为简单染色法和复染色法。

1. 简单染色法

简单染色法也称作单染,它是用一种碱性染料使菌体着色,以显示微生物的形态。单染是最基本的染色方法,它只能观察细菌基本形态和大小,不能鉴别细菌。常用碱性染料染色，如美蓝、结晶紫、碱性复红等。

2. 复染色法

复染色法是用两种或两种以上染色液进行染色。革兰氏染色法是复染色法中最重要的一种鉴别染色法，它不但可以观察细菌的形态、大小和结构，而且还能鉴别细菌。通过革兰氏法染色，可将细菌鉴别为革兰氏阳性细菌（G^+）和革兰氏阴性细菌（G^-）两大类。此法是利用两种不同性质的染料，即草酸铵结晶紫和番红（沙黄）染液先后对菌体染色。当用酒精脱色后，如果细菌能保持草酸铵结晶紫与碘的复合物而不被脱色，即呈现紫色的细菌，称为革兰氏阳性菌；如果草酸铵结晶紫与碘的复合物被酒精脱掉，菌体染上番红的颜色而呈红色，则称为革兰氏阴性菌。革兰氏染色过程中所用四种不同溶液的作用不同。

(1)碱性染料：草酸铵结晶紫溶液，作用是使细菌细胞染色。

(2)媒染剂：碘液，作用是增强染料与菌体的亲和力，加强染料与细胞的结合。

(3)脱色剂：乙醇，作用是将染料溶解，使被染色的细胞脱色，利用不同细菌对染料脱色的难易程度不同而加以区分。

(4)复染剂：番红溶液，作用是使经脱色的细菌重新染上另一种颜色，以便与未脱色的细菌进行比较。

10.3 步骤

10.3.1 显微镜使用

细菌体积微小，肉眼不可见，必须借助显微镜观察细菌形态与结构。

光学显微镜的基本构造包括目镜、物镜、镜筒、可变光栏（光圈）、物镜转换器、粗调手轮（粗准焦螺旋）、细调手轮（细准焦螺旋）、载物台、镜臂、底座、亮度调节手轮等，要了解每个部位的基本功能，科学合理使用（图 10-1）。

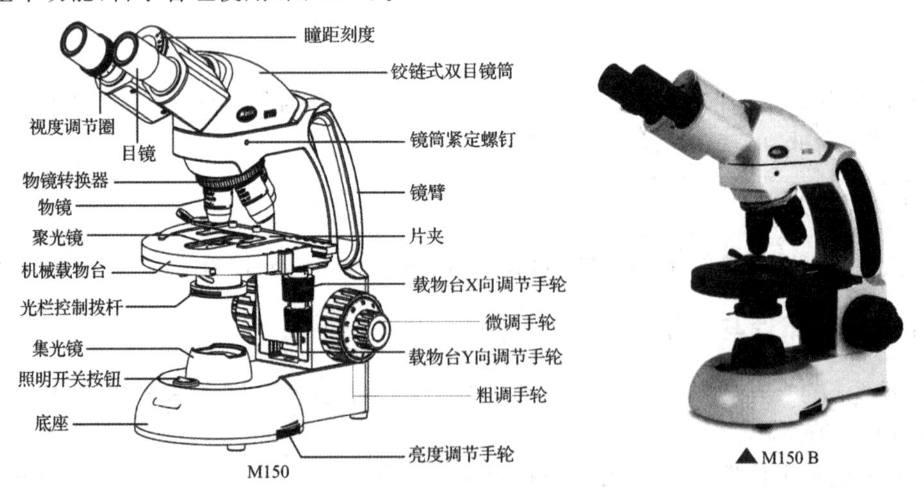

图 10-1 光学显微镜构造(M150)

（厦门海洋职业技术学院，2024）

1. 显微镜的取用和放置

取用和放置显微镜时，一手握住镜臂，一手托住底座，使显微镜直立、平稳，切忌单手提拎。轻取轻放，将显微镜放置于台面上，与台边缘保持 7～10cm 的距离。坐姿端正，双眼观察。

2.光源调节

插上电源，打开显微镜开关，调整双目镜筒间距，将可变光栏(光圈)的孔径开到最大，上升聚光镜，转动物镜转换器，低倍目镜对准光孔，左眼观察目镜，拨动旋钮调节合适光亮。

3. 显微观察

显微观察时，一般采取从低倍镜到高倍镜再到油镜的顺序，因为低倍镜视野相对较大，易发现观察目标并确定检查的位置。

(1)低倍镜观察(物镜 4×或 10×)

将载玻片置于载物台上，观察物置于通光孔中央，顺时针方向转动粗调手轮，将载物台调至最高。用低倍镜观察(4×或 10×)，逆时针转动粗调手轮，直至观察到物像，再调节细调手轮，直至清晰。

(2)高倍镜观察(物镜 40×)

低倍镜下找到合适的观察目标并将其移至视野中央，转动物镜转换器为 40×物镜。对聚光镜光圈及视野亮度进行适当调节后，调节细调手轮，找到物像并使之清晰。

(3)油镜观察(物镜 100×)

在 40×物镜下看清标本后，把需要进一步放大观察的部分移至视野中央。用粗调手轮使载物台下降约 1.5 cm，将油镜转到工作位置。在待观察的样品区域滴一滴香柏油，侧面观察，转动粗调手轮，使油镜前端与油滴接触。聚光镜升至最高并开足光圈。转动细调手轮(1～2 圈)，直到观察到清楚的物像。使用完毕，用擦镜纸擦拭镜头，再蘸二甲苯擦拭，最后用干的擦镜纸擦拭干净。

4. 显微镜还原并放回

观察完毕，取下载玻片，关闭电源，将显微镜各部分还原，物镜呈“八”字形，下降镜台，聚光镜下降，关闭光圈，光亮调节旋钮调至最小，推片器回位。最后套上镜套，放回。

10.3.2　显微镜的保养

显微镜在使用的同时应注意保养，做到以下事项：

1. 保持显微镜干燥、清洁。每次使用前后，光学和照明部分用擦镜纸擦拭，机械部分用布擦拭。

2. 保持油镜清洁。油镜观察完毕，用擦镜纸拭去香柏油，再用擦镜纸蘸二甲苯擦拭 2～3 次，最后再用擦镜纸将二甲苯擦去。

3. 显微镜使用时，应严格按照操作规程进行，不得任意拆卸显微镜。

4. 显微镜在不使用时，开关电源应关闭或拔出。

10.3.3　细菌抹片的制备

细菌抹片的制备应执行无菌操作，接种环取菌前应进行灭菌。

具体操作步骤：载玻片处理→涂片→干燥→固定。

1. 载玻片处理

取保存在无水酒精溶液中的干净载玻片，在酒精灯上烧去残留酒精，待凉，用记号笔在载玻片的右侧注明菌名、染色类型。使用过的载玻片如有残余油渍，可按下列方法处理：滴95%酒精2～3滴，用洁净纱布擦，然后在酒精灯外焰上轻轻拖过几次。若仍不能去除油渍，可再滴1～2滴冰醋酸，用纱布擦净，再在酒精灯上轻轻拖过。

2. 涂片

所取材料情况不同，涂片方法也有些差异。

(1)液体材料

直接用灭菌接种环取一环材料，置于载玻片的中央均匀地涂布成适当大小的薄层。

(2)非液体材料

应先用灭菌接种环取少量生理盐水或蒸馏水，置于载玻片中央，然后再用灭菌接种环取少量材料，在水滴中调均，涂成适当大小的薄层。

(3)组织脏器材料

可先用镊子夹持组织中部，然后以灭菌剪刀取一小块组织，夹出后将其新鲜切面在载玻片上压印或涂抹成一薄层。

3. 干燥

在空气中自然干燥，切勿在火焰上烘烤。

4. 固定

固定方法有火焰固定和化学固定两类。

(1)火焰固定

手执干燥好的抹片一端，使涂抹面向上，以其背面在酒精灯外焰上，如钟摆样来回拖过数次，略作加热，进行固定。

(2)化学固定

将血液、组织脏器等抹片浸入甲醇中2～3 min，取出晾干；或者在抹片上滴加数滴甲醇，使其作用2～3 min，自然挥发干燥。

固定好的细菌抹片就可进行各种方法的染色。

10.3.4 简单染色法

简单染色法具体操作步骤如下：

载玻片处理→涂片→干燥→固定→染色→水洗→干燥→镜检。

1. 载玻片处理、涂片、干燥和固定

方法同细菌抹片制备的相同。

2. 染色

在已制好的抹片菌膜处，滴加吕氏美蓝染液染色3～5 min，或滴加齐氏石炭酸复红染液染色1～2 min。

3. 水洗

倾去染液，以流水从抹片一端轻轻冲洗，至水无色为止。

4. 干燥

将洗过的抹片放在空气中晾干或用吸水纸吸干。

5. 镜检

先用低倍镜观察，再用高倍镜观察，最后用油镜观察。观察染色后的各种细菌形态。

抹片标本的制备与细菌简单染色操作步骤如图 10-2 所示。

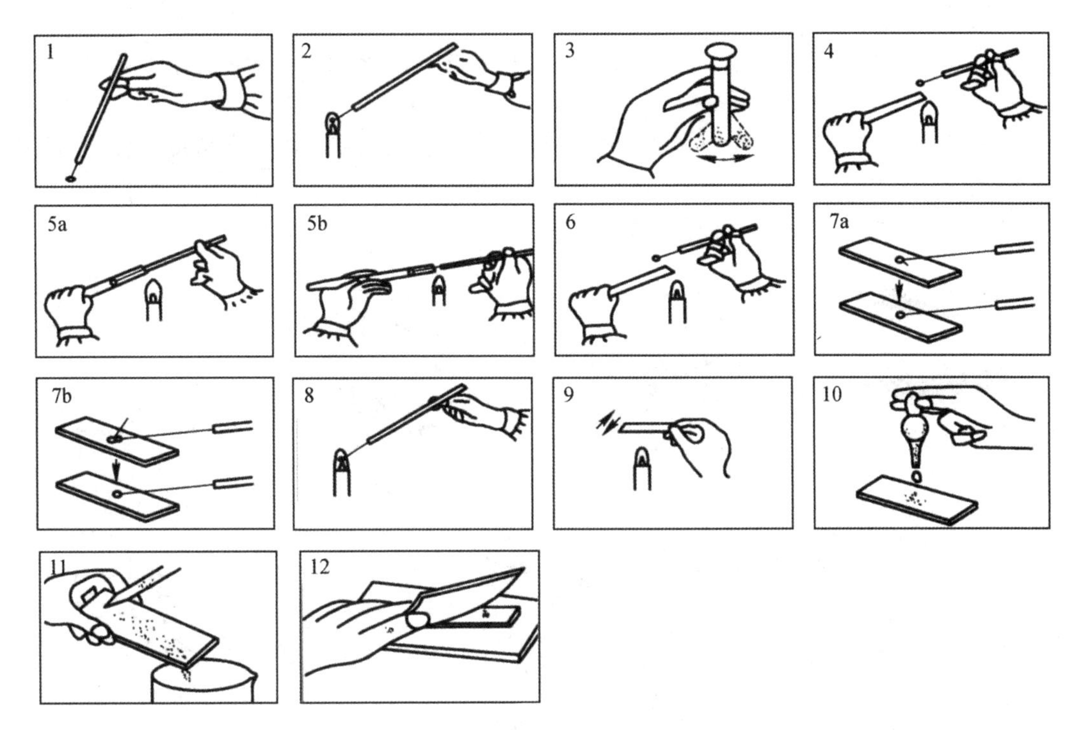

1. 取接种环　2. 灼烧接种环　3. 摇匀菌液　4. 灼烧管口　5a. 从菌液中取菌
5b. 从斜面中取菌　6. 取菌毕，再灼烧管口　7a. 把菌液直接涂片
7b. 斜面取菌，先在载玻片上加一滴生理盐水，然后从斜面菌种中取菌涂片
8. 烧去接种环上的残菌　9. 固定　10. 染色　11. 水洗　12. 吸干

图 10-2　细菌抹片标本制备与简单染色步骤

（仿《水处理工程实验技术》，张学洪等.冶金工业出版社，2016）

10.3.5　革兰氏染色法

革兰氏染色法具体操作步骤如下：

载玻片处理→涂片→干燥→固定→初染→水洗→媒染→水洗→脱色→水洗→复染→水洗→干燥→镜检。

1. 载玻片处理、涂片、干燥和固定

方法同细菌抹片制备的相同。

2. 初染、水洗

在已制好的抹片菌膜处滴加草酸铵结晶紫染液染色 1 min，倾去染液，水洗。

3. 媒染、水洗

滴加革兰氏碘液媒染 1 min，水洗，用滤纸吸干残存水滴。

4. 脱色、水洗

斜置玻片于烧杯上端，滴加 95%乙醇脱色并轻轻摇动载玻片，直至流出乙醇刚刚不出现紫色时即停止(约 20～30 s)，脱色完毕后，水洗，滤纸吸干。

5. 复染、水洗

滴加番红(沙黄)染液复染 1～2 min，水洗，滤纸吸干后，备镜检。

6. 镜检

抹片须完全干燥后才能用显微镜观察。先用低倍镜观察，依次再转高倍镜观察，最后用油镜观察。革兰氏阳性菌呈现紫色，革兰氏阴性菌呈红色。

细菌革兰氏染色法的具体操作步骤如图 10-3 所示。

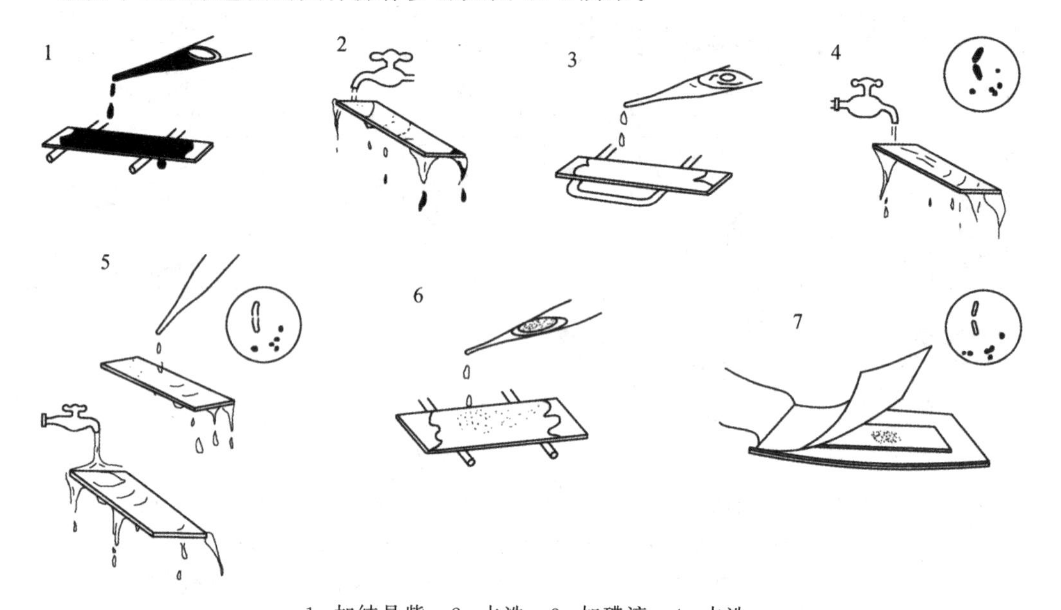

1. 加结晶紫　2. 水洗　3. 加碘液　4. 水洗
5. 加乙醇脱色，水洗　6. 加番红(沙黄)染液　7. 水洗，吸干

图 10-3　革兰氏染色操作步骤

(仿《水处理工程实验技术》，张学洪等.冶金工业出版社，2016))

10.4　注意事项

10.4.1　使用显微镜注意事项

1. 应根据个人情况，及时调节双筒显微镜的目镜，双眼观察。
2. 为了使物像清晰，在低倍镜、高倍镜下均可随时调节聚光镜或光圈。
3. 由低倍镜转换至高倍镜观察时，只可通过调节细调手轮使物像清晰，切不可调节粗

调手轮。

4. 油镜观察完毕，应先将浸过香柏油的镜头用擦镜纸擦拭，再用蘸少许二甲苯擦镜纸擦去镜头上残留的香柏油，最后再用干净的擦镜纸将残留的二甲苯擦去，注意擦镜头时向一个方向擦拭。

5. 最佳的开启光圈孔径大小步骤是先将孔径打到最大，然后再慢慢关小直到标本完全在焦点上。

10.4.2　制备、染色细菌抹片注意事项

1. 在制备细菌抹片时，应注意无菌操作。

2. 镜检染色标本时，先用低倍镜观察，再转高倍镜观察，最后用油镜观察。油镜镜头不能压在标本上，更不能用力过猛，否则不仅压碎玻片，还会损坏镜头。

3. 革兰氏染色成败的关键是掌握酒精脱色程度。如果脱色过度，革兰氏阳性菌也可被脱色而染成革兰氏阴性菌；如果脱色时间过短，革兰氏阴性菌也会被染成革兰氏阳性菌。脱色时间的长短还受涂片厚薄及乙醇用量多少等因素的影响，因此，必须严格掌握乙醇脱色程度。

4. 油镜观察完毕，应将浸过油的镜头擦拭干净。注意擦镜头时向一个方向擦拭。切忌用手或其他纸擦镜头。看后的染色玻片用废纸将香柏油擦干净。

10.5　要求

1. 记录单染染色的结果，并绘出细菌形态图。

菌种	染料	单染后颜色	备注

2. 记录革兰氏染色的结果，并绘出细菌形态图。

菌种	革兰氏染色后颜色	阴性或阳性	备注

10.6　考核

10.6.1　过程评价要点及标准

1. 预习：实训前应根据教材认真预习，写出简要的预习报告。

2. 操作:规范操作,认真完成实训步骤的所有内容。

3. 记录:认真观察,如实、准确记录实训结果。

4. 整理:整理好实训器材,并放回原处。

10.6.2 终结评价要点及标准

1. 熟悉显微镜的使用及维护,掌握细菌抹片制备技术,掌握简单染色法和革兰氏染色法的基本原理与方法,并在规定时间内完成本实训所有内容。

2. 认真撰写实训报告,格式与字迹规范。

3. 实训报告内容包含以下部分:目标、实训材料与方法、步骤、要求。

10.7 思考题

1. 简单染色法中各步骤的注意事项是什么?

2. 要得到正确的革兰氏染色结果应注意哪些操作?关键在哪几步?为什么?

实训十一

药物敏感性试验

11.1　目标

了解并掌握纸片扩散法的基本原理和方法。

11.2　实训材料与方法

11.2.1　材料

1. 菌种
大肠埃希菌 ATCC　25922
金黄色葡萄球菌 ATCC　25923
铜绿假单胞菌 ATCC　27853
2. 培养基
普通营养琼脂平板培养基

11.2.2　药品

无菌生理盐水、0.5 麦氏标准比浊管、含抗生素或磺胺药的干燥纸片。

11.2.3　用具

无菌棉拭子、镊子、尺子、记号笔、恒温培养箱等。

11.2.4　原理与方法

细菌对抗菌药物的敏感试验，通常简称为细菌的药敏试验。药敏试验是指在体外测定药物抑制或杀死细菌的能力。测定细菌对抗菌药物的敏感性，可筛选最佳疗效药物，对于控制水产动物细菌性疾病的流行有重要意义。

药敏试验方法可归纳为两大类，即扩散法和稀释法。有的以抑制细菌生长为评定结果的标准，有的则以杀灭细菌为标准。

K-B纸片扩散法是将含有定量抗菌药物的纸片贴在已接种测试菌的琼脂平板上，纸片中所含的药物吸收琼脂中的水分溶解后便不断地向纸片周围扩散，形成递减的梯度浓度，在纸片周围抑菌浓度范围内的细菌生长被抑制，形成透明的抑菌圈。

此法以测量抑菌圈直径来判定敏感(S)、中介度(I)、耐药(R)。不同细菌对抗菌药物的敏感性不向，同种细菌的不同菌株对同一药物的敏感性也有差异。抑菌圈的大小反映测试菌对测定药物的敏感程度，并与该药对测试菌的最小抑菌浓度(MIC)呈负相关，即抑菌圈愈大，MIC越小。

该法结果易受纸片含药量不均及接种量等多种因素影响，但它具有简单易行，价格便宜，药物选择灵活，结果容易判断等优越性，只要按美国临床标准委员会(NCCLS)标准方法操作，结果准确可信。试验时应同时设立已知敏感度的标准菌株作为对照。

11.3 步骤

11.3.1 药敏纸片的制备

药敏纸片可到生化试剂店购买，也可用下列方法制备。

1. 纸片的制作

将质量较好的滤纸用打孔机打成直径6 mm的圆片，每100片放入一小瓶中，高压灭菌(1.02 kg,30 min)后在60 ℃条件下烘干。

2. 药敏纸片的制备

用无菌操作法，将一定浓度的待测抗菌药物溶液1 mL加入100片纸片中(含药量按表11-1所列计算，例如，庆大霉素10 μg/片×100片=1 000 μg/mL)，置冰箱内浸泡1～2 h。

若立即试验，可不烘干；若保存备用，可用下列一种方法烘干。

(1)培养皿烘干法：将浸有抗菌药液的纸片摊平在培养皿中，于37 ℃温箱内保持2～3 h即可干燥，或放在无菌室内过夜干燥。

(2)真空抽干法：将放有抗菌药物纸片的试管置干燥器内，用真空抽气机抽干。

将制好的各种药物纸片装入无菌小瓶中，置－20 ℃冰箱内保存备用。干燥的药敏纸片可保存6个月。

3. 药敏纸片的鉴定

用标准敏感菌株作敏感性试验，记录抑菌圈的直径，若抑菌圈比标准敏感菌株的原来缩小，则表明该抗菌药物已失效，不能再用。

表 11-1　纸片法药敏试验纸片含药量和结果解释

（仿《畜牧微生物》，陈金顶，黄青云．中国农业出版社，2016）

抗菌药物	纸片含药量（μg/片）	抗菌圈直径（mm）		
		耐药（R）	中介度（I）	敏感（S）
阿米卡星（AMK）	30	≤14	15～16	≥17
庆大霉素（GEN）	10	≤12	13～14	≥15
青霉素（PEN）	10units	≤28	—	≥29
苯唑西林（OXA）	1	≤10	11～12	≥13
氨苄西林（AMP）	10	≤13	14～16	≥17
哌拉西林（PIP）	100	≤17	—	≥18
头孢唑林（FZN）	30	≤14	15～17	≥18
头孢呋辛（FRX）	30	≤14	15～17	≥18
头孢他啶（CAZ）	30	≤14	15～17	≥18
氨曲南（ATM）	30	≤15	16～21	≥22
亚胺配南（IMP）	10	≤13	14～15	≥16
环丙沙星（CIP）	5	≤15	16～20	≥21
诺氟沙星（NOR）	10	≤12	13～16	≥17
万古霉素（VAN）	30	—	—	≥15
克林霉素（CLI）	2	≤14	15～20	≥21
复方新诺明（SXT）（甲氧苄啶/磺胺甲噁唑）	1.25/23.75	≤10	11～15	≥16

注：敏感（S）　表示被测菌株感染，可用该抗菌药的常用剂量治愈。

耐药（R）　表示被测菌株感染，用该抗菌药的常用剂量治疗，预期无效。

中介度（I）　出现此结果有可能是因试验技术因素引起的误差，不应报告，必要时用稀释法重做。

11.3.2　药敏试验抗菌药物的选择

根据分离的致病菌的种类而定，详见表 11-2。

表 11-2　药敏纸片的选择

（仿《畜牧微生物》，陈金顶，黄青云．中国农业出版社，2016）

待测菌	药　物			
金黄色葡萄球菌 ATCC 25923	青霉素（PEN）	苯唑西林（OXA）	克林霉素（CLI）	万古霉素（VAN）
	环丙沙星（CIP）	庆大霉素（GEN）	复方新诺明（SXT）	
大肠埃希菌 ATCC 25922	氨苄西林（AMP）	头孢唑林（FZN）	庆大霉素（GEN）	氨苄西林/舒巴坦（AMS）
	头孢呋辛（FRX）	环丙沙星（CIP）	亚胺配南（IMP）	

续表

待测菌	药　物			
铜绿假单胞菌 ATCC 27853	头孢他啶 (CAZ)	庆大霉素 (GEN)	哌拉西林 (PIP)	阿米卡星 (AMK)
	氨曲南 (ATM)	环丙沙星 (CIP)	亚胺配南 (IMP)	

11.3.3　纸片扩散法

1. 制备接种物

从培养 18～24 h 的平板上挑取 5～8 个菌落于 1 mL 灭菌生理盐水中制成菌液，校正浓度至 0.5 麦氏标准(相当于 1.5×10^8 CFU/mL)。

2. 接种平板

用已灭菌的棉拭子蘸取已制备的菌液涂布于琼脂表面，划动 3 次，每次划动时，平板转 60 度，最后绕平板一周，在室温中干燥 3～5 min。

3. 贴药敏纸片

用无菌镊子将药敏纸片紧贴于已接种测试菌的琼脂平板的表面，纸片要贴均匀，每个平板贴 4～6 片，各纸片中心相距不小于 24 mm，纸片距平板边缘不小于 15 mm，各纸片间距离相等。在菌接种后 15 min 内贴完纸片。

4. 培养

将平板倒置在 37 ℃培养箱中培养 16～18 h 后观察结果。

5. 结果判定

根据药敏纸片周围抑菌区的大小，测定其药物的敏感性。用毫米尺测量包括纸片直径在内的抑菌圈(图 11-1)直径。

抑菌圈的边缘以肉眼见不到细菌明显生长为限。有的菌株可出现蔓延生长，进入抑菌圈。磺胺药在抑菌圈内出现轻微生长，这些都不作为抑菌圈的边缘。

参照表 11-1 的标准判读结果，按敏感(S)、中介度(I)或耐药(R)报告。

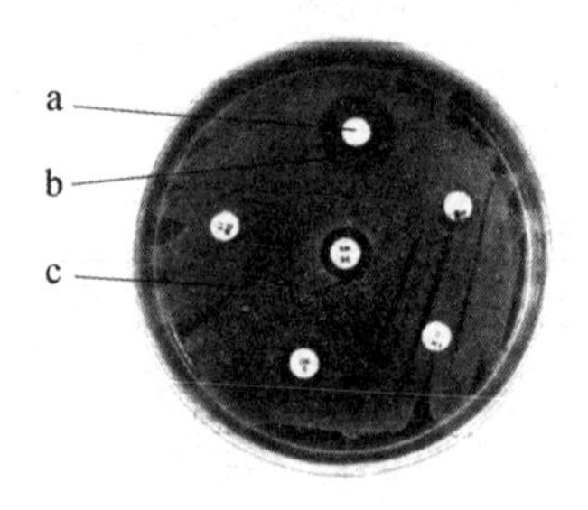

图 11-1　抑菌圈图示

a. 药敏纸片　b. 抑菌圈　c. 细菌菌苔

6. 质量控制

标准菌株的抑菌圈应在表 11-3 所示的预期范围内。如果超出该范围，应视为失控而不发报告，及时查找原因，予以纠正。

表 11-3　质控标准菌株的抑菌圈预期值范围

(仿《畜牧微生物》，陈金顶，黄青云．中国农业出版社，2016)

抗菌药物	纸片含药量 (μg/片)	抗菌圈直径(mm)		
		大肠埃希菌 ATCC 25922	金黄色葡萄球菌 ATCC 25923	铜绿假单胞菌 ATCC 27853
阿米卡星(AMK)	30	19～26	20～26	18～26
庆大霉素(GEN)	10	19～26	19～27	16～21

续表

抗菌药物	纸片含药量(μg/片)	抗菌圈直径(mm)		
		大肠埃希菌 ATCC 25922	金黄色葡萄球菌 ATCC 25923	铜绿假单胞菌 ATCC 27853
青霉素(PEN)	10units	—	26～37	—
苯唑西林(OXA)	1	—	18～24	—
氨苄西林(AMP)	10	16～22	27～35	—
哌拉西林(PIP)	100	24～30	—	25～33
头孢唑林(FZN)	30	29～35	23～29	—
头孢呋辛(FRX)	30	20～26	27～35	—
头孢他啶(CAZ)	30	16～20	25～32	22～29
氨曲南(ATM)	30	—	28～36	23～29
亚胺配南(IMP)	10	26～32	—	20～28
环丙沙星(CIP)	5	30～40	22～30	25～33
诺氟沙星(NOR)	10	28～35	17～28	22～29
万古霉素(VAN)	30	—	17～21	—
克林霉素(CLI)	2	—	24～30	—
复方新诺明(SXT)(甲氧苄啶/磺胺甲噁唑)	1.25/23.75	24～32	24～32	—

11.4　注意事项

1. 药敏纸片贴在平板后不应再移动,因为有些药物会立即扩散。

2. 药敏纸片长期储存应置于－20 ℃,日常使用的小量纸片可放在 4 ℃,但应置于含干燥剂的密封容器内。使用时从低温取出,放置室温后才可打开,用完后应立即将纸片放回冰箱内的密封容器内。过期纸片不能使用,应弃去。

11.5　要求

记录纸片扩散法实验结果,并判断待测菌对药物的敏感性。

11.6 考核

11.6.1 过程评价要点及标准

1. 预习：实训前应根据教材认真预习，写出简要的预习报告。
2. 操作：规范操作，认真完成实训步骤的所有内容。
3. 记录：认真观察，如实、准确记录实训结果。
4. 整理：整理好实训器材，并放回原处。

11.6.2 终结评价要点及标准

1. 了解并掌握纸片扩散法的基本原理和方法，并在规定时间内完成本实训所有内容。
2. 认真撰写实训报告，格式与字迹规范。
3. 实训报告内容包含以下部分：目标、实训材料与方法、步骤、要求。

11.7 思考题

纸片扩散法药敏试验操作时应注意什么？

实训十二

水产动物疾病的常规检查与诊断

12.1　目标

1. 识别并掌握水产动物疾病的病原和主要病症，为疾病快速确诊打好基础。
2. 掌握水浸片的制作方法。
3. 掌握水产动物疾病常规检查方法，并对结果进行分析比较，做出正确诊断。

12.2　实训材料与方法

12.2.1　材料

选择活的或刚死的病鱼（海水鱼或淡水鱼）。

12.2.2　药品

95％酒精、福尔马林溶液、生理盐水、蒸馏水等。

12.2.3　用具

显微镜、解剖镜、解剖剪、解剖刀、解剖针、白搪瓷解剖盘、小镊子、烧杯、微吸管（附橡皮头）、载玻片、盖玻片、培养皿、擦镜纸、纱布、检查记录表等。

12.2.4　原理与方法

1. 疾病的常规检查与诊断

水产动物疾病检查与诊断常采用目检与镜检相结合的方法。检查顺序是先目检后镜检，先体表后体内，从前向后。

（1）目检

目检也称肉眼检查，即用肉眼直接观察患病养殖动物的各个部位。此法仅局限于对常见的、具有特征性症状的以及大型寄生虫引起的疾病的诊断。肉眼通常能识别真菌、蠕虫、甲壳动物等大型病原体，而对病毒、细菌、原生动物等小型病原体则无法看清。

目检主要以症状为主，要注意各种疾病不同的临床症状。一种疾病可以有几种不同的症状，如肠炎病具有鳍基充血、蛀鳍、肛门红肿、肠壁充血等症状。同一种症状也可以在几种不同的疾病中出现，如体色变黑、鳍基充血、蛀鳍是细菌性赤皮病、烂鳃病、肠炎病共同的症状；鳃黏液增多是鱼波豆虫、车轮虫、斜管虫等寄生虫病共有的症状。因此，目检时要认真检查，全面分析。

当前，对水产动物病毒性疾病和细菌性疾病，主要是根据患病养殖动物表现的显著症状，通过肉眼检查来进行初步诊断；对小型原生动物疾病，除了用肉眼观察其症状外，主要是借助于显微镜检查来进行确诊。

（2）镜检

镜检也称显微镜检查，即用显微镜或解剖镜检查病变标本或病原体的方法。镜检一般是根据目检不能确诊的病变，在镜下作进一步的全面检查。

镜检方法有载玻片法和玻片压缩法两种。水产动物的每一种器官或组织往往有各种寄生虫寄生。大型寄生虫一般可用玻片压缩法镜检，但是对于原生动物，由于其一般比较容易死去，故必须先用载玻片法镜检，然后再用玻片压缩法镜检。

①载玻片法

将要检查的小块组织或小滴内含物放在载玻片上，滴入清水或生理盐水，盖上盖玻片，轻轻压平后放在低倍显微镜下检查，如有寄生虫或可疑现象，再用高倍显微镜观察。载玻片法适用于低倍或高倍显微镜检查。

②玻片压缩法

用解剖刀和镊子从病变部位刮取少量组织或黏液，放在载玻片上，滴入少许清水或生理盐水（滴入的水量以盖上盖玻片，水不溢出盖玻片的周围为度），用另一载玻片将它压成透明的薄层，然后放在解剖镜或低倍显微镜下检查。检查后用镊子、解剖针或微吸管取出寄生虫或可疑的病象组织，分别放入盛有清水或生理盐水的培养皿，以后作进一步的处理。玻片压缩法适用于解剖镜或低倍显微镜检查。此法对水产动物体外和体内的器官、组织和内含物一般都适用，但是，对于鳃组织不大适宜，因为鳃组织经过压展，反而不容易找到和取出里面的病原体。

2. 病原体的计数标准

发病的轻重程度与病原体的数量有很大的直接关系，因此，在疾病诊断过程中，除了确定病原体的种类外，还要了解其对水产动物的感染强度。只有当病原体的数量达到一定强度时，才能引起疾病的发生。对大型病原体计数是比较方便的，但对小型病原体，如原生动物，要准确统计病原体的数量是比较困难的，目前只能采用估计法。一般采用以下计数标准：

（1）计数符号

用“＋”表示。“＋”表示有；“＋＋”表示多；“＋＋＋”表示很多。

(2)计数标准

①微生物疾病

用文字描述所表现的症状,并按病状的严重程度分别用"+"表示轻微;"++"表示较重;"+++"表示严重。

②鞭毛虫、变形虫、球虫、黏孢子虫、微孢子虫、单孢子虫

在高倍显微镜下约有1~20个虫体或孢子时记"+";21~50个时记"++";50个以上时记"+++"。

③纤毛虫及毛管虫

在低倍显微镜下有1~20个虫体时记"+";21~50个虫体时记"++";50个以上的虫体时记"+++"。若计算小瓜虫囊胞则用数字说明。

④单殖吸虫、线虫、绦虫、棘头虫、蛭类,甲壳动物,软体动物的幼虫

在50个以下均以数字说明;50个以上者,则说明估计数字或者部分器官里的虫体数,例如,一片鳃、一段肠子里的虫体数。

(注:目镜为10×;虫体数为同一片中观察3个视野的平均数。)

3. 待查水产动物标本的编号

通常要对待查的每一水产动物标本标定一个号码,编号的方法通常用双号码,即用两种数字表示。

例如:编号"10-3"中的"10"表示在调查过程中,已解剖了各种鱼的总数,"3"表示已经解剖了某种鱼的条数。若开始调查时,第一次解剖的是草鱼,标号为1-1,第二次解剖的是第一条青鱼,编号为2-1,第三条解剖的是第二条草鱼,则编号为3-2,第四次解剖的是第一条鲢鱼,编号为4-1,以此类推。如果调查的有几个不同地区,在编号前应加上一个地名的简号。例如调查的地区为浙江菱湖,可编号为"菱10-3"。

12.3　步骤

12.3.1　水浸片的制作与观察

制作水浸片的具体操作步骤如下:

取干净载玻片→取待检组织→置载玻片上→加一滴洁净水→盖上盖玻片。

取一干净的载玻片,从要检查的部位取一小块组织,置于载玻片上加一滴洁净的水(淡水动物用淡水,海水动物则用海水;若是检查内脏组织器官则用生理盐水),并用镊子夹住待检组织在水滴中轻轻搅动,再取一洁净的盖玻片将其一边与载玻片接触,倾斜着将盖玻片轻盖在待检组织上,并用镊子柄或铅笔轻压,如水过多可用纱布(或吸水纸)从盖玻片边缘吸去多余的水。

将制好的水浸片置于显微镜下,先用低倍镜观察,必要时转换高倍镜观察。

12.3.2 鱼病检查

先对待检个体进行拍摄，编号，鉴定种名，记录来源和检查时间，然后测量其体重、全长、体长和体高，必要时还要确定其性别以及年龄，最后对患病个体进行常规检查。检查的顺序应从前向后，从外到内，由表及里。

1. 目检

目检重点检查部位为体表、鳃和内脏。

(1)体表

检查鱼体左右两侧。将病鱼或死亡不久的新鲜鱼置于白搪瓷盘中，按顺序仔细观察头部、嘴、眼、鳞片、鳍等部位。检查主要内容：观察体形是否有畸形、过瘦或异常肥胖；腹部是否肿胀；体色是否正常；黏液是否过多；眼球是否突出、浑浊、出血；肛门是否红肿外突；体表是否有附着物、霉菌、大型寄生物、充血、出血以及溃烂等；鳞片是否竖起、完整；鳍是否缺损、溃烂、出血等。

若鱼体呈弯曲状可能是由于营养不良或有机磷中毒或重金属含量超标(易发生在新开挖的池塘)所致；下唇突出呈簸箕口状则可能为池塘缺氧浮头所致；腹部膨大，肛门红肿呈紫红色，轻压腹部有黄色黏液流出则多为细菌性肠炎病；体表有棉絮状的白色物则为水霉病；体表充血、发炎、鳞片脱落则多为细菌性赤皮病；鳍基充血，肌肉呈充血状或块状淤血则为出血病；尾柄及腹部两侧有红斑或表皮腐烂呈印章状则为打印病；体表黏液较多并有小米粒大小、形似臭虫状的虫体为鲺病；体表有白色亮点，离水 2 h 后白色亮点消失则为小瓜虫病；体表有白色斑点，白点之间有出血或红色斑点则为卵甲藻病；部分鳞片处发炎红肿，有红点并伴有针状虫体寄生则为锚头鳋病；苗种成群在池边或池面狂游一般为车轮虫病或跑马病；尾柄表皮发白则为白皮病；鱼在水中头部或嘴部明显发白，离水后又不明显为白头白嘴病或车轮虫病；眼球突出、鳞片竖起、腹胀可能为竖鳞病或链球菌病；眼球浑浊或水晶体脱落则可能为链球菌病或双穴吸虫病。。

(2)鳃

重点检查鳃丝。先观察鳃盖是否张开，鳃盖表皮是否腐烂或变成透明。然后，剪去鳃盖，观察鳃片颜色是否正常；黏液是否较多；鳃丝末端是否肿大、腐烂。

若病鱼鳃部浮肿，鳃盖张开不能闭合，鳃丝失去鲜红色呈暗淡色则为指环虫病；鳃盖出现“开天窗”现象，鳃丝腐烂发白、尖端软骨外露，并有污泥和黏液则为细菌性烂鳃病；鳃丝因贫血而发白则可能为鳃霉病或球虫病；鳃丝末端挂着像蝇蛆一样的白色小虫则为中华鳋病；鳃丝呈紫红色，黏液较少则可能为池塘中缺氧引起泛池所致；鳃丝呈紫红色，并伴有大量黏液则应考虑是否为中毒性疾病，如过量使用有机氯消毒剂时这种现象较常见；鳃丝上有白点，黏液异常增多则可能为钩介幼虫病或孢子虫病。

(3)内脏

重点检查肠道。

首先，剪刀从肛门伸进，向上方剪至侧线上方，然后转向前方剪至鳃盖后缘，再向下剪至胸鳍基部，最后将身体一侧的腹肌翻下，露出内脏。观察是否有腹水，是否有肉眼可见的大型寄生虫。

其次，用剪刀从咽喉附近的前肠和靠肛门的后肠剪断，并取出内脏，置于白搪瓷盘中，把

肝、胆、鳔、肠等内脏器官逐个分开。仔细观察各内脏器官外表，注意颜色是否正常，是否有溃烂、充血、出血或白点等病变出现。

最后，把肠道分成前、中、后三段置于盘中，轻轻地把肠道中的食物和粪便去掉，然后进行观察。

若病鱼肠道全部或局部充血，肠壁不发炎则为出血病；充血、发炎且伴有大量黄色黏液则为细菌性肠炎病；前肠肿大，但肠道颜色外观正常，肠内壁含有许多白色小结节则为球虫病或黏孢子虫病。

2. 镜检

镜检主要判断依据是寄生虫形态特征及其寄生部位。镜检的顺序和检查主要部位与目检相同。注意对肉眼观察时有明显病变症状的部位作重点检查。显微镜检查特别有助于对原生动物引起的疾病的确诊。每一病变部位至少检查三个不同点的组织。

镜检一般检查步骤为：黏液→鼻腔→血液→鳃→口腔→体腔→脂肪组织→胃肠→肝脏→脾脏→胆囊→心脏→鳔→肾脏→膀胱→性腺→眼→脑→脊髓→肌肉。

(1)黏液

用解剖刀从病鱼体表疑似病变部位上刮取少许黏液，放在载玻片上，滴入少许清水，盖上盖玻片，用显微镜检查。

体表常见的寄生虫有车轮虫、小瓜虫、斜管虫、鱼波豆虫、钩介幼虫、黏孢子虫等。

(2)鼻腔

先用小镊子或微吸管从鼻孔里取少许内含物，放在载玻片上，滴入少许清水，盖上盖玻片，用显微镜检查，随后用吸管吸取少许清水注入鼻孔中，再将液体吸出，放在培养皿里，用显微镜或解剖镜观察。

鼻腔内常见的寄生虫主要有黏孢子虫、车轮虫、指环虫等。

(3)血液

从鳃动脉或心脏取血均可。具体方法如下：

①从鳃动脉取血：剪去一边鳃盖，左手用镊子将鳃瓣掀起，右手用微吸管插入鳃动脉或腹大动脉吸取血液。如果血液量不多时可直接放在载玻片上，盖上盖玻片，用显微镜检查；如果血液量多时可放在培养皿里，然后吸取一小滴在显微镜下检查。

②从心脏直接取血：除去鱼体腹面两侧两鳃盖之间最狭处的鳞片。用尖的微吸管插入心脏，吸取血液放在载玻片上，盖上盖玻片，在显微镜下检查。也可将血液放在培养皿里，用生理盐水稀释，在解剖镜下检查。

血液中常见的寄生虫主要有锥体虫、线虫或血居吸虫等。

(4)鳃

用小剪刀取少量鳃组织(最好检查每边鳃的第一鳃片接近两端的位置)放在载玻片上，滴入少许清水，盖上盖玻片，在显微镜下检查。鲢、鳙还要检查鳃耙。

鳃上常见的微生物有细菌、水霉、鳃霉等；常见的寄生虫主要有鳃隐鞭虫、鱼波豆虫、黏孢子虫、纤毛虫、毛管虫、指环虫、双身虫、鱼蛭、鳋、鲺等。

(5)口腔

肉眼观察病鱼的上下颚，用镊子刮取上下颚一些黏液，进行镜检。

口腔常见的寄生虫主要有吸虫的胞囊、鱼蛭、锚头鳋、鲺、鱼怪等。

(6)体腔

打开体腔,观察有无可疑病象及寄生虫,发现白点,压片镜检。

体腔内常见的寄生虫主要有黏孢子虫、微孢子虫、绦虫成虫和囊蚴等。

(7)脂肪组织

肉眼观察脂肪组织,发现白点,压片镜检。

脂肪组织常见的寄生虫主要有黏孢子虫。

(8)胃肠

尽量除干净肠外壁上所有的脂肪组织,否则会妨碍观察。

先肉眼检查肠外壁,发现许多小白点,压片镜检。然后把肠前后伸直,在肠的前、中、后段上各取一个点,用剪刀剪一个小口,镊子取一小滴肠的内含物放在载玻片上,滴上一滴生理盐水,盖上盖玻片,在显微镜下检查;或刮下肠的内含物,放在培养皿里,加入生理盐水稀释并搅匀,在解剖镜下检查。

胃肠处常见的微生物有细菌;常见的寄生虫主要有鞭毛虫、变形虫、黏孢子虫、微孢子虫、球虫、纤毛虫、复殖吸虫、线虫、绦虫、棘头虫等。

(9)肝脏

用镊子从肝脏上取少许组织放在载玻片上,滴上一滴生理盐水,盖上盖玻片,轻轻压平,在低倍镜和高倍镜下检查。

肝脏常见的寄生虫主要有黏孢子虫、微孢子虫的孢子和胞囊。

(10)脾脏

镜检脾脏少许组织,可发现黏孢子虫或胞囊,有时也可发现吸虫的囊蚴。

(11)胆囊

取部分胆囊壁,放在载玻片上,滴上一滴生理盐水,盖上盖玻片,压平,放在显微镜下观察。胆汁另行检查。

胆囊壁和胆汁,除用载玻片法在显微镜下检查外,都要同时用压缩法或放在培养皿里用解剖镜或低倍显微镜检查。

胆囊常见的寄生虫主要有六鞭毛虫、黏孢子虫、微孢子虫、复殖吸虫和绦虫幼虫等。

(12)心脏

取出心脏放在盛有生理盐水的培养皿里,用小镊子取一滴内含物放在载玻片上,滴入少许生理盐水,盖上盖玻片,用显微镜检查。

心脏常见的寄生虫主要有锥体虫和黏孢子虫。

(13)鳔

用镊子剥取鳔的内壁和外壁的薄膜,放在载玻片上排平,滴入少许生理盐水,盖上盖玻片,在显微镜下观察,同时用压缩法检查整个鳔。

鳔上常见的寄生虫主要有复殖吸虫、线虫、黏孢子虫及其胞囊,

(14)肾脏

肾脏紧贴在脊柱的下面,取肾脏应当完整,分前、中、后三段检查,各查两片。可发现黏孢子虫、球虫、微孢子虫、复殖吸虫、线虫等。

(15)膀胱

完整地取出膀胱放在玻片上,没有膀胱的鱼(如鲤科鱼类),则检查输尿管。用载玻片法

和压缩法检查，可发现六鞭毛虫、黏孢子虫、复殖吸虫等。

(16)性腺

取出左、右两个性腺，先用肉眼观察它的外表，常可发现黏孢子虫、微孢子虫、复殖吸虫囊蚴、绦虫的双槽蚴、线虫等。

(17)眼

用弯头镊子从眼窝里挖出眼睛，放在玻璃皿或玻片上，剖开巩膜，放出玻璃体和水晶体，在低倍显微镜下检查，可发现吸虫幼虫、黏孢子虫等。

(18)脑

打开脑腔，用吸管吸出油脂物质，灰白色的脑即显露出来，用剪刀把它取出来，镜检可发现黏孢子虫和复殖吸虫的胞囊或尾蚴。

(19)脊髓

把头部与躯干交接处的脊椎骨剪断，再把身体的尾部与躯干交接处的脊椎骨也剪断，用镊子从前端的断口插入脊髓腔，把脊髓夹住，慢慢地把脊髓整条拉出来，分前、中、后等部分检查，可发现黏孢子虫和复殖吸虫的幼虫。

(20)肌肉

剥去皮肤，在前、中、后部分别取一小片肌肉放在载玻片上，滴入少许清水，盖上盖玻片，轻轻压平，在显微镜下观察，再用压缩法检查，可发现黏孢子虫、复殖吸虫、绦虫、线虫等。

12.3.3　虾病检查

虾类疾病检查部位有体表、鳃、肌肉，眼、心脏、消化道、肝胰脏、生殖腺等，其中体表，鳃和消化道是必须检查的部位。

(1)体表

先肉眼观察对虾甲壳和附肢的颜色、体表的光洁度与粗糙情况。若对虾体表光洁度差，有粗糙感，并有土黄色或黄褐色绒毛状物黏着的可能为聚缩虫、累枝虫等纤毛虫；有绿色缠附物的可能为丝状藻类；病虾甲壳有黑褐色斑块状蚀斑则可能为对虾甲壳溃疡病；游泳足、尾肢等发红、断须及鳃发黄则可能为弧菌所致的红腿病。

肉眼观察后即可取样做水浸片进行镜检。方法是刮取少量附着物或取小块病变组织，放入已滴过适量生理盐水的载玻片上，盖上洁净的盖玻片，置于显微镜下观察有无纤毛虫寄生。

(2)鳃

用剪刀剪去对虾鳃区甲壳，露出鳃丝。先肉眼观察鳃腔有无大型寄生虫、鳃丝的颜色。由丝状细菌感染鳃呈黑色；弧菌病鳃初为灰白色，转为浅黄色或橘黄色、浅褐色，以后逐渐转暗，变为黑色或黑褐色。

肉眼观察后取少量虾鳃组织做水浸片进行镜检，观察有无纤毛虫、吸管虫等。

(3)消化道

先将对虾头胸甲左侧下半部小心地用剪刀除去，再轻轻地将头胸甲全部剥去，最后自后向前沿背中央剪开，小心地除去甲壳。用镊子将胃肠取出，剖开，观察胃肠有无食物，有无空泡，有无大型寄生虫。如果病虾肠道无食，有空泡，则可能为肠炎。

肉眼观察后刮取虾胃、肠少量黏液做水浸片进行镜检，观察有无线簇虫，头叶簇虫或吸虫和绦虫的幼虫等。

(4)肝胰脏

取出消化道的同时,将肝胰脏分开,先肉眼观察其颜色、有无病变。若病虾肝胰脏呈乳白色或粉红色、红色则可能感染弧菌或病毒。

肉眼观察后取虾小块肝胰脏组织做成水浸片进行镜检,观察有无对虾肝肠胞虫等。

(5)肌肉

先肉眼观察肌肉颜色和病变情况。病虾肌肉局部或全部变白浊、不透明,在水中尤为明显可能为肌肉坏死症;肌肉松软,有白点、白斑或白带状可能为微孢子虫或吸虫囊蚴。

肉眼观察后取虾病变部位肌肉做成水浸片进行镜检,观察有无寄生虫。

(6)其他器官组织

可根据上述方法检查。

12.4 注意事项

12.4.1 制作水浸片注意事项

1. 水浸片应现制现检查,不宜长时间保存。

2. 所取样品不宜过多,韧性较强的组织要用剪刀剪成细长条或切成薄片,否则会影响透光率,不能进行观察。

3. 应先在放有待检组织的载玻片上滴一滴水,然后再盖上盖玻片,否则会产生气泡,影响观察。

4. 用镊子柄或铅笔轻压时应掌握力度,不宜过于用力,以免压破盖玻片。

5. 载玻片上滴的水滴要根据不同的组织采用不同的水。检查水产动物能跟水接触的组织器官,淡水动物用淡水,海水动物则用海水;水产动物不与水接触的组织器官则用生理盐水,否则检查的病原体会由于渗透压的不同而引起碎裂、皱缩或死亡而影响诊断。

12.4.2 鱼体检查注意事项

1. 用活的或死亡不久的新鲜样本进行检查。

2. 注意解剖的操作程序,解剖时避免伤及腹腔中的内脏器官。

3. 注意解剖工具的消毒,防止交叉感染。

4. 用于检查的水产动物(如鱼类)体表要保持湿润。

5. 取出的内脏器官除保持湿润外,还要保持器官的完整。

6. 一时无法确定的病原体或病象要保留好标本。

7. 镜检时先用低倍镜观察,再用高倍镜观察。若标本的图像偏白,应缓慢地将光圈的孔径关小,直到标本的图像清晰地显现出来;若标本偏暗,可缓慢地打开光圈。

12.5　要求

1. 目检鲜活水产动物(如鱼类)标本,并记录所显示的病症。

2. 镜检病变组织,记录病原的种类及寄生情况。

3. 将检查结果填在疾病调查表上(见表附录三),并对结果进行分析、比较,做出正确诊断。

12.6　考核

12.6.1　过程评价要点及标准

1. 预习:实训前应根据教材认真预习,写出简要的预习报告。

2. 操作:规范操作,认真完成实训步骤的所有内容。

3. 记录:认真观察,如实、准确记录实训结果。

4. 整理:整理好实训器材,并放回原处。

12.6.2　终结评价要点及标准

1. 熟悉并掌握水产动物疾病的病原和主要病症;掌握水浸片的制作方法;掌握水产动物疾病的常规检查与诊断方法,能对检查结果进行分析比较,做出正确诊断,并在规定时间内完成本实训所有内容。

2. 认真撰写实训报告,格式与字迹规范。

3. 实训报告内容包含以下部分:目标、实训材料与方法、步骤、要求。

12.7　思考题

1. 目检与镜检时应注意哪些事项?

2. 制作水浸片应注意哪些事项?

实训十三

鞭毛虫与孢子虫形态观察

13.1 目标

观察并掌握寄生于水产动物机体上的各种鞭毛虫和孢子虫的形态特征，为诊断水产动物的原生动物疾病打下基础。

13.2 实训材料与方法

13.2.1 材料

各种鞭毛虫和孢子虫的活体标本或玻片染色标本。
鞭毛虫：锥体虫、隐鞭虫、飘游鱼波豆虫
孢子虫：艾美球虫、碘泡虫、黏体虫、单极虫、尾孢虫、匹里虫

13.2.2 药品

二甲苯、生理盐水、碘液、香柏油、甘油酒精等。

13.2.3 用具

显微镜、解剖镜、解剖器具、载玻片、盖玻片、纱布、擦镜纸等。

13.2.4 方法

采用显微镜检查方法。

13.3　步骤

1. 鞭毛虫

(1)隐鞭虫(*Cryptobia*)

隐鞭虫可寄生于海水鱼、淡水鱼的鳃、皮肤、消化道和血液中。

鳃隐鞭虫(图 13-1)寄生在鱼类鳃上。检查方法是从鳃上取黏液或剪下鳃丝镜检。寄生时,虫体用后鞭毛插入寄主的鳃部表皮组织内,大量寄生时成群地聚集在鳃丝两侧,波动膜不停地做波浪式摆动;活体时,细胞质呈淡绿色或无色,常含少量食物粒。染色标本虫体狭长、扁平,呈柳叶状,前端宽圆,后端细削,大小为 8.7 μm×4.1 μm,虫体前端有两个毛基体,各生出 1 条鞭毛(前、后鞭毛),长度大致相等。胞核圆形,位于身体中部,动核圆形或椭圆形,位于身体前端。

颤动隐鞭虫(图 13-1)寄生在鱼类皮肤上,其形态与鳃隐鞭虫的主要区别是虫体略似三角形,大小为 6.7 μm×4.1 μm,检查方法是从体表或鳍上取黏液镜检。

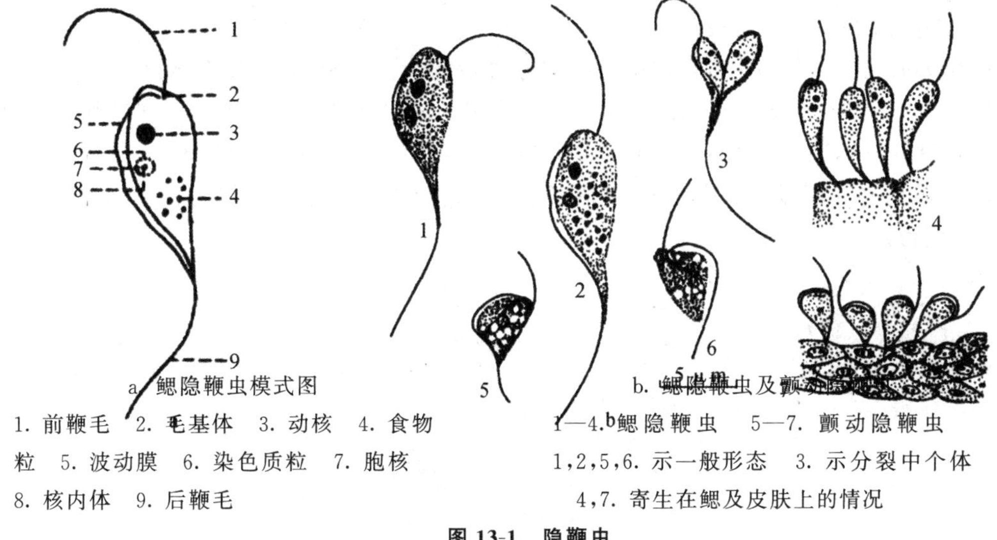

a　鳃隐鞭虫模式图

1. 前鞭毛　2. 毛基体　3. 动核　4. 食物粒　5. 波动膜　6. 染色质粒　7. 胞核　8. 核内体　9. 后鞭毛

b. 鳃隐鞭虫及颤动隐鞭虫

1—4. 鳃隐鞭虫　5—7. 颤动隐鞭虫

1,2,5,6. 示一般形态　3. 示分裂中个体

4,7. 寄生在鳃及皮肤上的情况

图 13-1　隐鞭虫

(仿陈启鎏)

(2)飘游鱼波豆虫(*Costia necatrix*)

飘游鱼波豆虫(图 13-2)寄生在鱼类鳃和皮肤上。检查方法是从鳃、体表或鳍上取黏液进行镜检。自由生活时,虫体呈卵圆形,背面凹陷;寄生时,虫体用两根鞭毛固着在寄主的皮肤和鳃组织中,常呈挣扎状,上下左右摆动;活体时,细胞质一般呈无色透明,有时可见几个发亮的食物粒。染色标本虫体背腹扁平,呈梨形,大小为(5～12) μm×(3～9) μm,口沟位于体侧,其前端有毛基体,由此长出两根鞭毛,后端游离为后鞭毛。胞核圆形或卵圆形,核膜四周有染色质粒,中央有 1 个核内体,它们之间有不太明显的非染色质丝。胞质内伸缩泡 1 个。

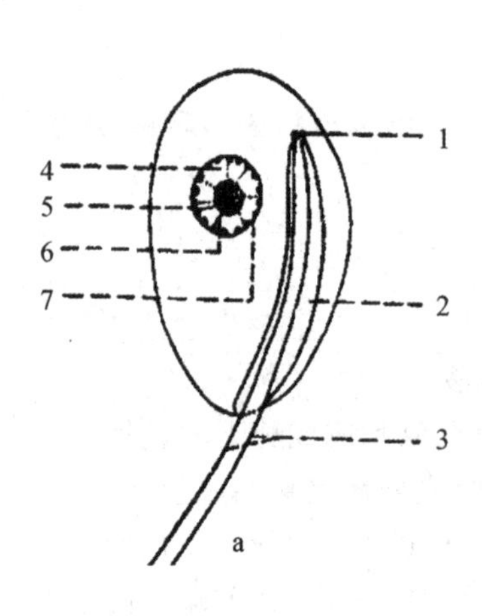

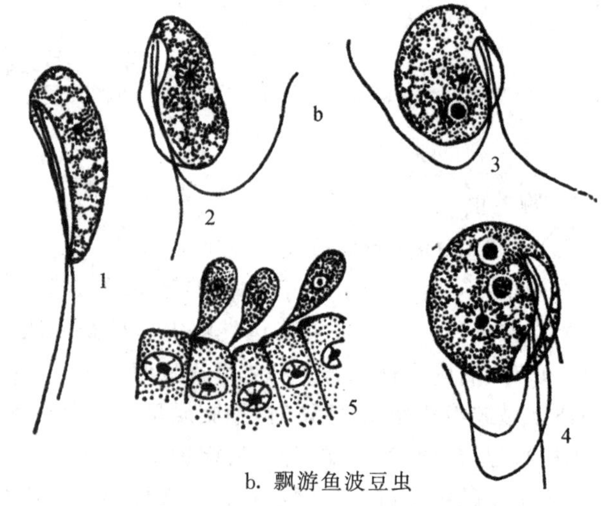

a. 飘游鱼波豆虫模式图　　　　b. 飘游鱼波豆虫

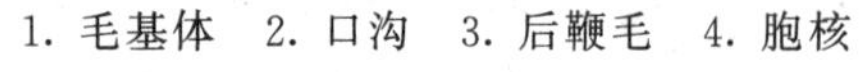

1. 毛基体　2. 口沟　3. 后鞭毛　4. 胞核　5. 核内体　6. 非染色质丝　7. 染色质粒

1—4. 示一般形态　5. 附着在鳃组织上的虫体

图 13-2　飘游鱼波豆虫

（仿陈启鎏）

(3)锥体虫(*Trypanosoma*)

锥体虫(图 13-3)寄生在鱼类血中。检查方法是镜检鱼类血液,看到血球之间有扭曲运动的虫体可以诊断。虫体为狭长的叶状,一端尖,另一端尖或钝圆。从虫体后端毛基体长出1根鞭毛,沿着身体组成波动膜,至前端游离为前鞭毛。胞核卵圆形或椭圆形,一般位于身体的中部,核内有一明显的核内体,有的种类有 1～2 个动核,位于毛基体之后,动核卵圆形、圆形或椭圆形。

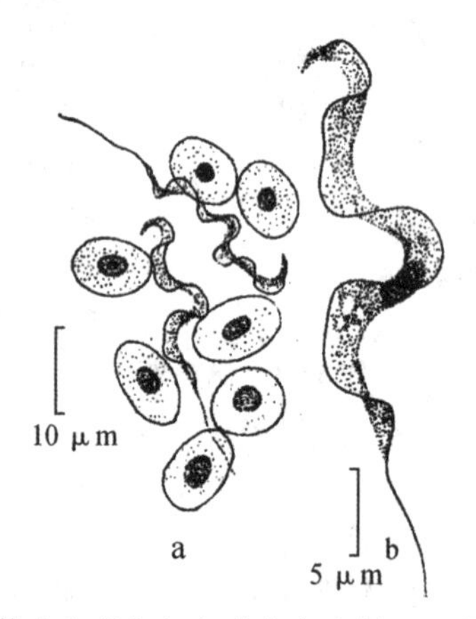

a. 示锥体虫和青鱼红血球大小比例　b. 示一般形态

图 13-3　青鱼锥体虫

（仿陈启鎏）

2. 孢子虫

(1)艾美球虫(*Eimeria*)

艾美球虫(图 13-4)寄生在多种淡水鱼和海水鱼的肠、幽门垂、肝脏、肾脏等处。青鱼艾美球虫寄生在 1～2 龄青鱼前肠的肠壁上，呈白色的小结节。检查方法是取病变组织做涂片或压片，镜检可看到卵囊及孢子囊。艾美球虫的卵囊呈球形或椭圆形，外被一层厚的、坚硬的卵囊膜，内有 4 个孢子囊。孢子囊呈卵形，被有透明的孢子膜，膜内包裹着互相颠倒的长形稍弯曲的孢子体和 1 个孢子残余体，每个孢子体有 1 个胞核。卵囊膜内有卵囊残余体和 1～2 个极体。

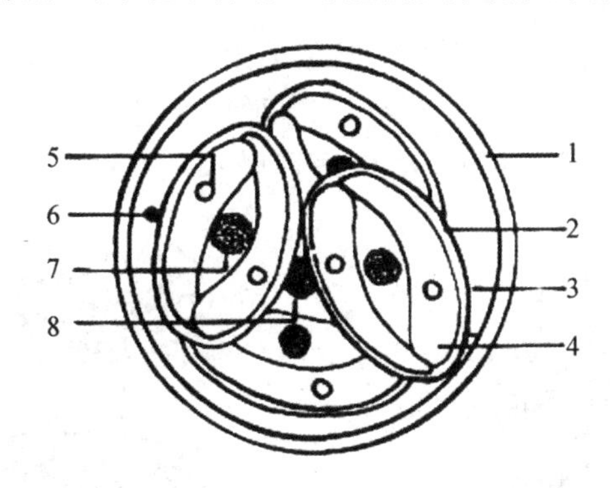

1. 卵囊膜　2. 孢子囊　3. 孢子囊膜
4. 孢子体　5. 胞核　6. 极体　7. 孢子残余体　8. 卵囊残余体

图 13-4　艾美球虫卵囊模式图

(仿陈启鎏)

(2)黏孢子虫

黏孢子虫(图 13-5)寄生于海水、淡水鱼类几乎所有的器官中。孢子由 1～7 片壳片组成。两壳相连处称缝线。缝线增厚或突起呈脊状结构称缝脊。有缝脊的一面称为缝面，又称侧面；无缝脊的一面称壳面，又称正面。孢子内有不同数目、形状及排列方式的极囊，通常位于孢子的一端，此端称前端，相对的一端称后端；有的种类位于孢子的两端。极囊内有螺旋盘绕的极丝，前端有一个开孔，极丝从此孔伸出。在极囊之下或中间有孢质，内有嗜碘泡及两个胚核。

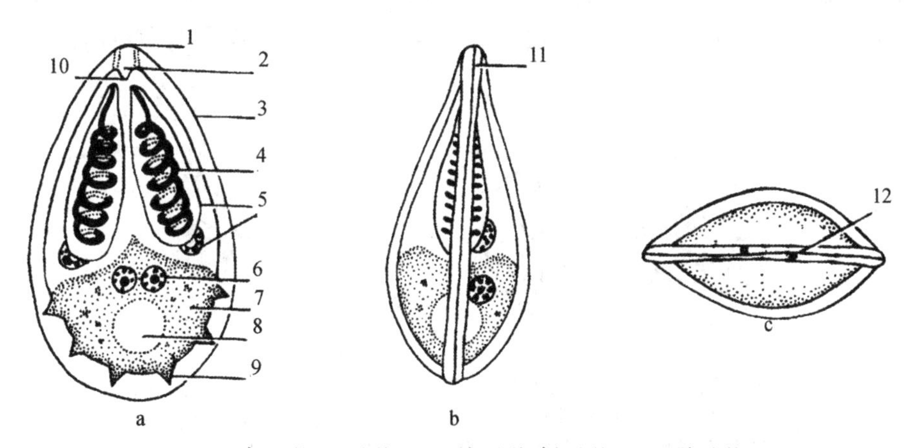

a. 壳面观(正面观)　b. 缝面观(侧面观)　c. 顶面观
1. 前端　2. 极囊孔　3. 孢子　4. 极丝　5. 极囊与极囊核　6. 胚核
7. 胞质　8. 嗜碘泡　9. 后褶皱　10. 囊间突　11. 缝线与缝脊　12. 极丝的出孔

图 13-5　黏孢子虫孢子的构造

(仿《湖北省鱼病病原区系图志》，湖北省水生生物研究所. 科学出版社，1973)

常见的黏孢子虫有：

①碘泡虫(*Myxobolus*)

鲢碘泡虫(图 13-6)主要寄生在鲢的神经系统和感觉器官中，形成肉眼可见的白色胞囊。检查方法是将胞囊压成薄片镜检。孢子壳面观为椭圆形或卵圆形，前宽后狭，壳面光滑或有 4～5 个“V”形的皱褶，囊间“V”形小块明显。孢子大小为 12.3 μm×9.0 μm，极囊两个，梨形，大小不等，通常大极囊倾斜地位于孢子前方。孢子内有 1 个明显的嗜碘泡和两个圆形的胚核。

饼形碘泡虫(图 13-7)主要寄生在草鱼前肠绒毛固有膜内，形成大量的胞囊。检查方法是将胞囊压成薄片镜检。其形态特征与鲢碘泡虫相似，但孢子横轴大于纵轴，大小为(42～89.2)μm×(31.5～73.5)μm，极囊两个，大小相等，呈八字排列。

a. 壳面观　b. 缝面观

图 13-6　鲢碘泡虫

(仿《湖北省鱼病病原区系图志》，湖北省水生生物研究所.科学出版社，1973)

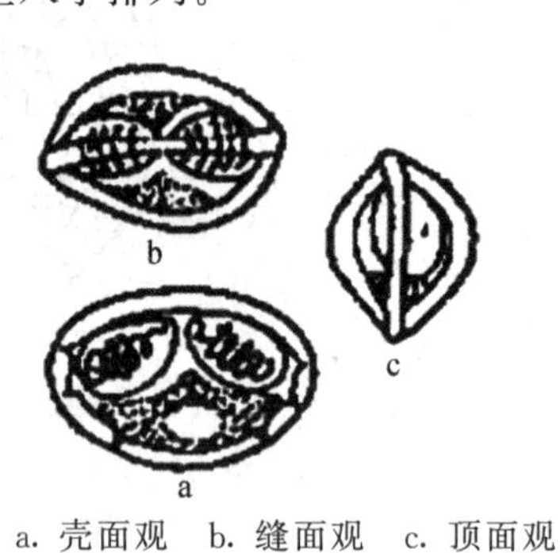

a. 壳面观　b. 缝面观　c. 顶面观

图 13-7　饼形碘泡虫

(仿《湖北省鱼病病原区系图志》，湖北省水生生物研究所.科学出版社，1973)

②黏体虫(Myxosoma)

中华黏体虫主要寄生在两龄以上的鲤鱼肠内、外壁及其他内脏器官上，形成肉眼可见乳白色芝麻状胞囊。时珍黏体虫主要寄生在鲢鱼的腹腔中，形成扁带状胞囊。检查方法是将胞囊压成薄片镜检。黏体虫(图 13-8)形态特征与碘泡虫相似，但胞质内无嗜碘泡。

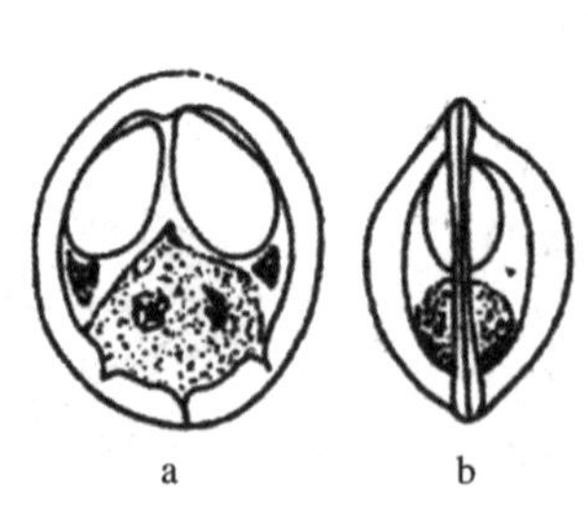

a. 壳面观　　b. 缝面观

图 13-8　脑粘体虫

(仿《湖北省鱼病病原区系图志》，湖北省水生生物研究所.科学出版社，1973)

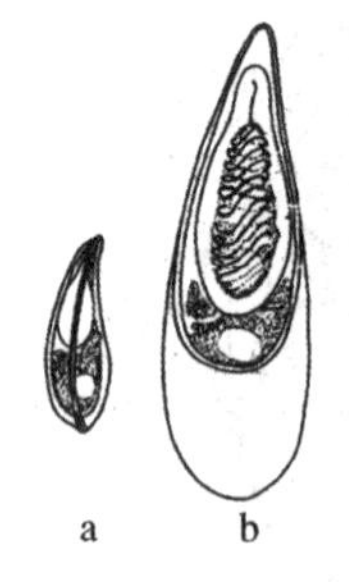

a. 壳面观　　b. 缝面观

图 13-9　鲮单极虫

(仿陈启鎏)

③单极虫(*Thelohanellus*)

鲮单极虫寄生于两龄以上鲤、鲫鱼鳞囊内以及鼻腔、肠、膀胱等处。鲫单极虫寄生于鲫鱼体表、鳃等处。武汉单极虫寄生在鲫鱼的皮下。鳅单极虫寄生于鲮鱼尾鳍、鼻腔内。吉陶单极虫寄生于两龄鲤鱼肠道内。寄生处形成肉眼可见的胞囊。检查方法是将胞囊压成薄片镜检。单极虫(图 13-9)的形态特征与碘泡虫相似,但前端只有一个很大的极囊。

④尾孢虫(*Henneguya*)

尾孢虫可寄生于海水鱼和淡水鱼体上。中华尾孢虫寄生于乌鳢体表及全身各器官,胞囊淡黄色、不规则。微山尾孢虫主要寄生于鳜鱼鳃上,胞囊白色、瘤状或椭圆形。徐家汇尾孢虫主要寄生于鲫鱼鳃、肠道、心脏等处,胞囊白色、不规则。检查方法是将胞囊压成薄片镜检。尾孢虫(图 13-10)的形态特征与碘泡虫相似,但孢壳向后延伸成两条尾状,分叉或不分叉。

a. 壳面观　b. 缝面观

图 13-10　中华尾孢虫

(仿陈启鎏)

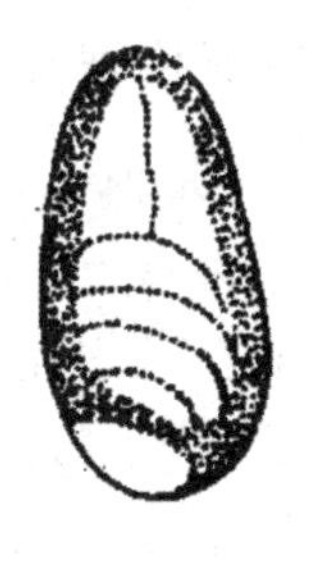

图 13-11　长丝匹里虫

(仿《湖北省鱼病病原区系图志》,湖北省水生生物研究所.科学出版社,1973)

3. 微孢子虫

匹里虫(Pleistophora)

匹里虫(图 13-11)寄生于海水鱼及淡水鱼的皮肤、内脏、肌肉、性腺和鳃等组织处。长丝匹里虫寄生在鱼类性腺上。大眼鲷匹里虫寄生在鱼类的内脏与体腔。鳗匹里虫寄生在鳗鱼肌肉中。检查方法是将胞囊压成薄片镜检。孢子卵形或梨形,大小为(8～11)μm×(4～5)μm,内有 1 个较大的极囊和 1 个球状核,并具有 1 根极丝和液泡。胞囊一般为球形,或不规则块状,乳白色或淡黄色。

13.4　注意事项

先用低倍镜观察,后转高倍镜观察。

13.5 要求

绘出所观察到的鞭毛虫和孢子虫的形态图，并注明病原与主要结构名称。

13.6 考核

13.6.1 过程评价要点及标准

1. 预习：实训前应根据教材认真预习，写出简要的预习报告。
2. 操作：规范操作，认真完成实训步骤的所有内容。
3. 记录：认真观察，如实、准确记录实训结果。
4. 整理：整理好实训器材，并放回原处。

13.6.2 终结评价要点及标准

1. 熟悉并掌握寄生于水产动物机体上的各种鞭毛虫和孢子虫的形态特征，并在规定时间内完成本实训所有内容。
2. 认真撰写实训报告，格式与字迹规范。
3. 实训报告内容包含以下部分：目标、实训材料与方法、步骤、要求。

13.7 思考题

黏体虫、单极虫和尾孢虫的形态特征与碘泡虫有何异同点？

实训十四

纤毛虫与吸管虫形态观察

14.1　目标

观察并掌握寄生于水产动物机体上的各种纤毛虫和吸管虫的形态特征，为诊断水产动物的原生动物疾病打下基础。

14.2　实训材料与方法

14.2.1　材料

各种纤毛虫和吸管虫的活体标本或玻片染色标本。

纤毛虫：鲤斜管虫、石斑瓣体虫、多子小瓜虫、刺激隐核虫、舌杯虫、车轮虫、半眉虫、肠袋虫

吸管虫：毛管虫

14.2.2　药品

二甲苯、生理盐水、碘液、香柏油、甘油酒精等。

14.2.3　用具

显微镜、解剖镜、解剖器具、载玻片、盖玻片、纱布、擦镜纸等。

14.2.4　方法

采用显微镜检查方法。

14.3 步骤

1. 纤毛虫

(1)鲤斜管虫(*Chilodonella cyprini*)

鲤斜管虫(图 14-1)寄生于鱼的鳃和体表。检查方法是从鳃或体表上取黏液或剪下鳃丝镜检。活体时,细胞质一般无色透明。虫体大小为(40～60)μm×(25～47)μm。侧面观背部隆起,腹面平坦,背面左前端有 1 行特别粗的刚毛。腹面观卵圆形,后端稍凹入,左面有 9 条纤毛线,右面有 7 条纤毛线,每条纤毛线上长着一律纤毛。腹面有 1 胞口,口管呈喇叭状,末端弯曲处为胞咽所在。大核圆形或卵形,位于虫体后部。小核球形,位于大核之后。伸缩泡两个,左右两侧各 1 个。

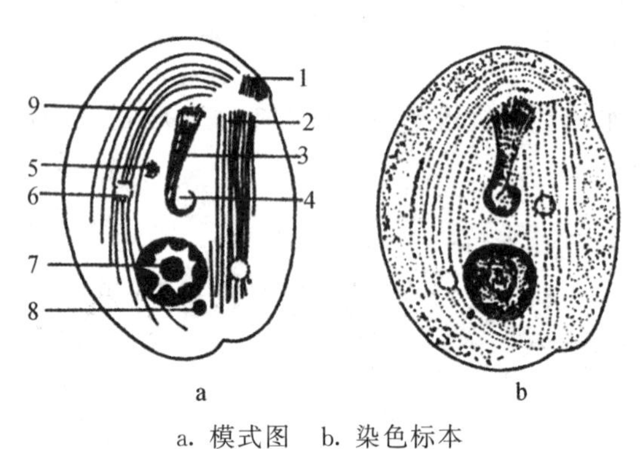

a. 模式图　b. 染色标本

1. 刚毛　2. 左纤毛线　3. 口管与刺杆　4. 胞咽

5. 食物粒　6. 伸缩泡　7. 大核　8. 小核　9. 右纤毛线

图 14-1　鲤斜管虫

(仿陈启鎏)

(2)石斑瓣体虫(*Petalosoma epinephelis*)

石斑瓣体虫(图 14-2)寄生在海水鱼的体表、鳍及鳃上,寄生处出现许多不规则的白斑。检查方法是从白斑处取样镜检。虫体大小为(65～80)μm×(29～53)μm。侧面观背部隆起,腹部平坦,前部较薄,后部较厚。腹面观为椭圆形或卵形,中部和前缘布满了纤毛,纤毛排成 32～36 条纵行的纤毛线。椭圆形大核 1 个,位于中后部,小核椭圆形或圆形,紧贴于大核前。大核后方有 1 瓣状体,为其明显特征。胞口圆形,位于腹面前端中间,与胞口相连的是由 12 根刺杆围成的漏斗状管口。

(3)多子小瓜虫(*Ichthyophthirius multifilliis*)

多子小瓜虫寄生在淡水鱼的体表、鳍条、鳃上,寄生处肉眼可见白色小点状囊泡。检查方法是从白点处取样镜检。

成虫(图 14-3):球形或卵形,乳白色,大小为(0.3～0.8)mm×(0.35～0.5)mm,全身被均匀的纤毛,胞口形似人"右外耳",位于前端腹面,口纤毛呈"6"字形,围口纤毛左旋入胞咽。

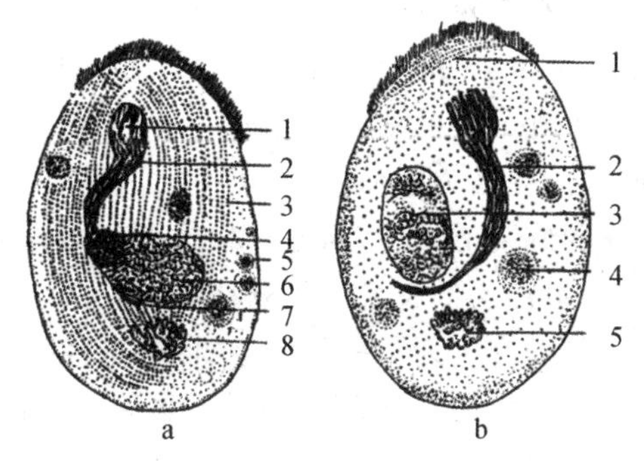

a. 腹面观　1. 胞口　2. 口管　3. 纤毛线　4. 小核　5. 食物粒　6. 大核　7. 胞咽　8. 瓣状体
b. 背面观　1. 纤毛线　2. 口管　3. 小核　4. 食物粒　5. 瓣状体

图 14-2　石斑瓣体虫

(仿黄琪琰等)

大核 1 个,呈马蹄形或香肠形,小核球状,紧贴于大核之上,但不易见到。胞质内含有大量食物粒和伸缩泡。

幼虫(图 14-3):椭圆形或卵圆形,前端尖而后端钝圆,大小为(33～54)μm×(19～32)μm,前端有 1 个乳状突起,称之为钻孔器,稍后有 1 近似"耳"形的胞口。全身被有等长的纤毛,后端有 1 根长而粗的尾毛,长度为纤毛的 3 倍。大核椭圆形,小核球形。

胞囊(图 14-3):圆形或椭圆形,白色透明,大小为(0.329～0.98)mm×(0.276～0.722)mm。胞口消失,马蹄形大核变为圆形或卵形,小核可见。

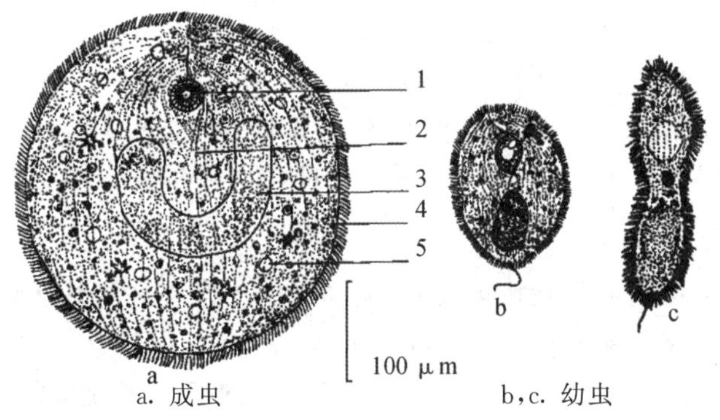

a. 成虫　　b,c. 幼虫

1. 胞口　2. 纤毛线　3. 大核　4. 食物粒　5. 伸缩泡

图 14-3　多子小瓜虫

(仿倪达书)

(4)刺激隐核虫(*Cryptocryon irritans*)

刺激隐核虫(图 14-4)寄生于海水鱼的体表、鳃、眼角膜及口腔等处,寄生处肉眼可见针尖大小的白点。检查方法是从寄生处取白点镜检。虫体呈卵圆形或球形。成熟个体直径为 0.4～0.5 mm,全身体表被均匀一致纤毛,胞口位于虫体前端。外部形态与淡水多子小瓜虫很相似,主要区别是隐核虫的大核呈卵圆形,4～8 个,一般 4 个,相连呈念珠状,作"U"型排列。虫体透明度低,在生活的虫体中一般不易看清大核。

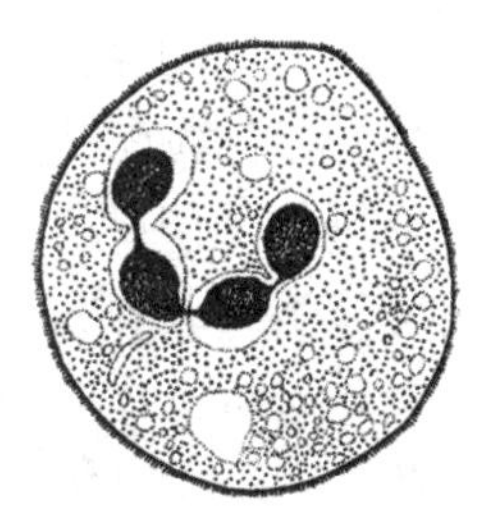

图 14-4　刺激隐核虫

(仿 Nigrelli)

(5)车轮虫(*Trichodina*)与小车轮虫(*Trichodinella*)

车轮虫(图 14-5)主要寄生于鱼类的体表或鳃。检查方法是从鳃或体表上取黏液或剪下鳃丝镜检。虫体大小为 20～40 μm,运动时如车轮一样转动。一面隆起,一面凹入,隆起的一面为前面,或称口面,凹入的一面为后面,或称反口面。侧面观如毡帽状,反口面观圆碟形,口面上有向左或反时针方向旋绕的口沟,与胞口相连。小车轮虫口沟绕体 180 °～270 °,车轮虫口沟绕体 330 °～450 °,口沟两侧各着生 1 列纤毛,形成口带,直达前庭腔。胞口下接胞咽,伸缩泡在胞咽一侧。反口面有 1 列整齐的纤毛组成的后纤毛带,其上下各有 1 列较短的纤毛,称上缘纤毛和下缘纤毛。有的种类在下缘纤毛之后,还有一细致的透明膜,称之为缘膜。反口面最显著的结构是齿环和辐射线。齿环由齿体构成,齿体由齿钩、锥部、齿棘三部分组成。齿体数目、形状和各个齿体上载有的辐射线数,因种而异。小车轮虫无齿棘。虫体大核 1 个,马蹄形或香肠形。长形小核 1 个,位于大核的一端。

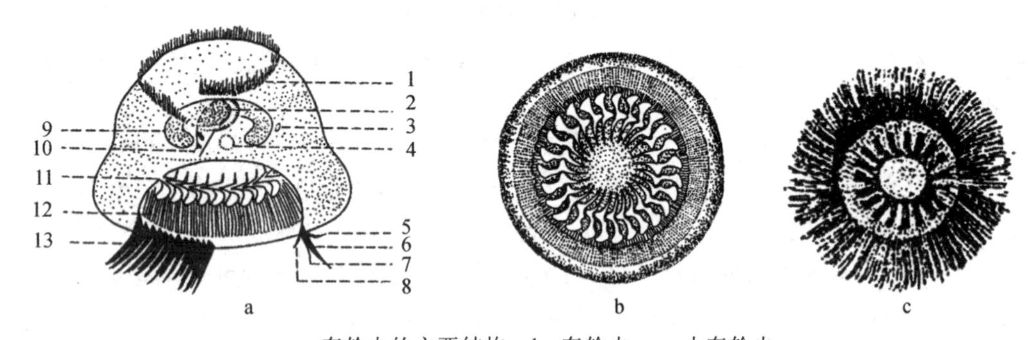

a. 车轮虫的主要结构　b. 车轮虫　c. 小车轮虫

1. 口沟　2. 胞口　3. 小核　4. 伸缩泡　5. 上缘纤毛

6,13. 后纤毛带　7. 下缘纤毛　8. 缘膜　9. 大核　10. 胞咽　11. 齿环　12. 辐射线

图 14-5　车轮虫

(仿《湖北省鱼病病原区系图志》,湖北省水生生物研究所.科学出版社,1973)

(6)杯体虫(*Apiosoma*)

杯体虫(图 14-6)成丛固着在鱼类皮肤、鳍和鳃上。检查方法是从鳃或体表上取黏液或剪下鳃丝镜检。虫体充分伸展时呈杯状或喇叭状,前端粗,后端变狭,大小为(14～80)μm×(11～25)μm。前端有 1 个圆盘形的口围盘。口围盘内有 1 个左旋的口沟,后端与前庭相接。前庭不接胞咽。口围盘四周排列着 3 圈纤毛,称之为口缘膜,中间两圈沿口沟螺旋式环绕,外面 1 圈一直下降到前庭,称为波动膜。前庭附近有 1 个伸缩泡。虫体后端有 1 个吸盘状附着器,可附着在寄主组织上。虫体表有细致横纹。在虫体内中部或后部有 1 个圆形或三角形的大核,小核在大核之侧,一般细长棒状。

(7)半眉虫(*Hemiophrys*)

半眉虫(图 14-7)以胞囊的形式寄生于鱼鳃、皮肤。检查方法是将胞囊压成薄片镜检。

巨口半眉虫大小为(38.5～73.9)μm×(27.7～38.5)μm。背面观像梭子,侧面观像饺子。腹面左侧面有 1 条裂缝状的口沟。大核两个,均为梨形,大小大致相等,位于虫体中后部。两个大核之间有 1 个小核。伸缩泡 8～15 个,分布于虫体两侧,体内布满大小食物颗粒。腹面裸露无纤毛,背面生长着一律纤毛。

圆形半眉虫大小为(41.6～49.3)μm×(32.3～3.1)μm。虫体卵形或圆形,背面纤毛长

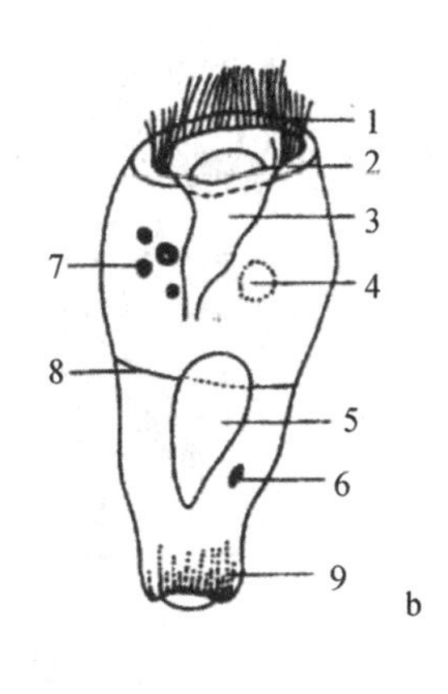

a. 活体　b. 模式图

1. 口缘膜　2. 口围盘　3. 前腔与胞咽 4. 伸缩泡　5. 大核　6. 小核　7. 食物粒　8. 纤毛带　9. 附着器

图 14-6　筒形杯体虫

（仿陈启鎏）

短一律，以背面近右侧中点为中心，有规则地作同心圆状排列。腹面裸露而无纤毛，前端有1束弯向身体左侧的锥状纤毛束。两个大核位于虫体后部，形状和大不大致相等，呈椭圆形。小核球形，位于两个大核之间或附近。伸缩泡10～14个，不规则分布，有少许食物颗粒。

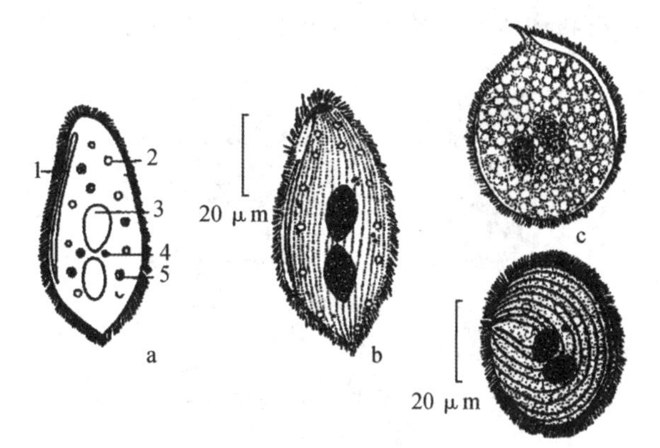

a，b. 巨口半眉虫　c. 圆形半眉虫

1. 口沟　2. 伸缩泡　3. 大核　4. 小核　5. 食物粒

图 14-7　两种半眉虫

（仿陈启鎏）

(8)鲩肠袋虫(*Balantidium ctenopharyngodoni*)

鲩肠袋虫(图14-8)寄生于各龄草鱼后肠，尤其距肛门6～10 cm的直肠。检查方法是取肠黏液镜检。虫体卵形或纺锤形，大小为(38～78)μm×(21～46)μm。除胞口外，体被均匀一致的纤毛，构成纵列的纤毛线。前端腹面有1近似椭圆形的胞口，向内呈漏斗状，渐渐深入到胞咽，形成1个小袋状结构。末端有1个与外界相通的小孔，称之为胞肛。胞口左缘由纤毛延伸而形成1列粗而长的纤毛。肾形大核1个，位于虫体中部，小核球形，位于大核凹陷一侧。虫体中后部有3个伸缩泡，胞内有许多大小不一的食物颗粒。

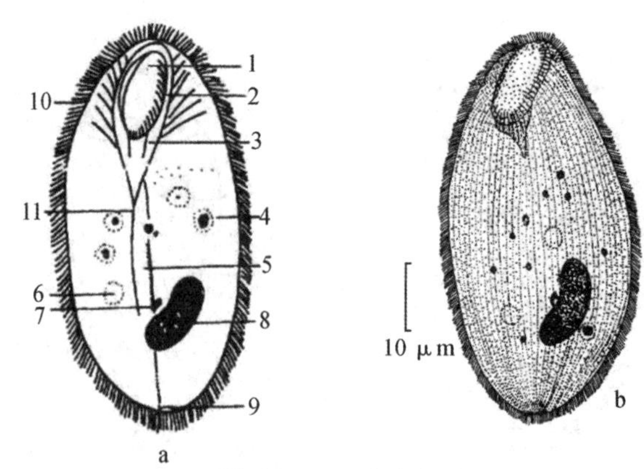

a. 模式图　b. 染色标本

1. 胞口　2. 口纤毛　3. 胞咽　4. 食物粒　5. 纤毛线

6. 伸缩泡　7. 小核　8. 大核　9. 肛孔　10. 周围纤维　11. 轴纤维

图 14-8　鲩肠袋虫

（仿陈启鎏）

2. 毛管虫（*Trichophya*）

毛管虫（图 14-9）寄生于淡水鱼的鳃和皮肤上。检查方法是从鳃丝处取样镜检。中华毛管虫前端有 1 束放射状吸管，湖北毛管虫体上有 1～4 束吸管。吸管中空，顶端膨大成球棒状，吸管的数目因个体差异而有所不同，中华毛管虫一般为 8～12 根。虫体内具大核 1 个，呈棒状或香肠状，内有核内体。小核 1 个，位于大核侧后方。具伸缩泡 3～5 个。

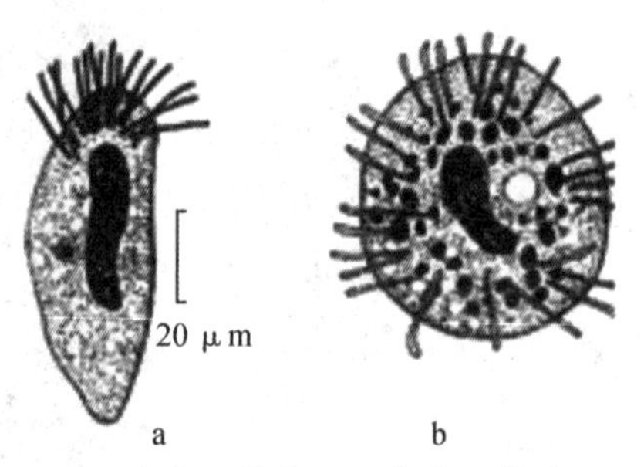

a. 中华毛管虫　b. 湖北毛管虫

图 14-9　毛管虫

（仿《鱼病学》，上海水产学校. 中国农业大学出版社，1999）

14.4　注意事项

先用低倍镜观察，后转高倍镜观察。

14.5　要求

绘出所观察到的纤毛虫和吸管虫的形态图，并注明病原与主要结构名称。

14.6　考核

14.6.1　过程评价要点及标准

1. 预习：实训前应根据教材认真预习，写出简要的预习报告。
2. 操作：规范操作，认真完成实训步骤的所有内容。
3. 记录：认真观察，如实、准确记录实训结果。
4. 整理：整理好实训器材，并放回原处。

14.6.2　终结评价要点及标准

1. 熟悉并掌握寄生于水产动物机体上的各种纤毛虫和吸管虫的形态特征，并在规定时间内完成本实训所有内容。
2. 认真撰写实训报告，格式与字迹规范。
3. 实训报告内容包含以下部分：目标、实训材料与方法、步骤、要求。

14.7　思考题

1. 刺激隐核虫的形态特征与多子小瓜虫有何不同？
2. 车轮虫与小车轮虫的形态特征有何不同？

实训十五

单殖吸虫形态观察

15.1 目标

观察并掌握寄生于水产动物机体上的各种单殖吸虫的形态特征，为诊断水产动物的蠕虫病打下基础。

15.2 实训材料与方法

15.2.1 材料

指环虫、三代虫、似盘钩虫、双身虫、本尼登虫的活体标本或玻片染色标本。

15.2.2 药品

二甲苯、生理盐水、碘液、香柏油、甘油酒精、聚乙烯醇等。

15.2.3 用具

显微镜、解剖镜、解剖器具、载玻片、盖玻片、培养皿、纱布、擦镜纸等。

15.2.4 方法

采用解剖镜或显微镜检查方法。

15.3　步骤

1. 指环虫(*Dactylogyrus*)

指环虫(图 15-1)主要寄生于鱼类鳃上。检查方法是剪下鳃丝镜检，当每片鳃上有 50 个以上虫体，或低倍镜下每个视野有 5～10 个虫体时，就可确诊为指环虫病。鳃片指环虫扁平，大小为(0.192～0.529)mm×(0.07～0.136)mm。具眼点 4 个，头器两对，具咽，肠支在虫体末端相连成环。虫体后端有一圆盘状的后固着器，内有中央大钩 1 对，中央大钩具有 1 对三角形的附加片，联结片长片状，辅助片"T"形。边缘小钩 7 对，发育良好。精巢单个，在虫体中部稍后。卵巢 1 个，位于精巢之前。交接器结构复杂，由交接管和支持器组成。卵黄腺发达，位于虫体的两侧和肠管的周围。

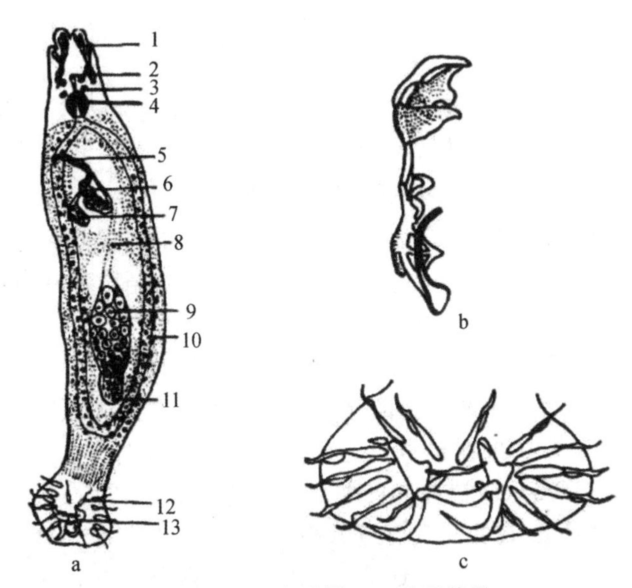

a. 腹面观　b. 交配器　c. 后固着器

1. 头腺　2. 口　3. 眼点　4. 咽　5. 交配囊　6. 前列腺　7. 贮精囊　8. 子宫　9. 卵巢　10. 肠　11. 精巢　12. 边缘小钩　13. 中央大钩

图 15-1　鳃片指环虫

(仿《鱼病学》，上海水产学校.中国农业大学出版社，1999)

2. 三代虫(*Gyrodactylus*)

三代虫(图 15-2)寄生于鱼的体表和鳃上。检查方法是取体表黏液或剪下鳃丝镜检，当低倍镜下每个视野有 5～10 个虫体时，就可确诊为三代虫病。鲢三代虫大小为(0.315～0.51)mm×(0.007～0.136)mm。无眼点，头器 1 对，后固着器具中央大钩 1 对，联结片两片。边缘小钩 8 对，排列成伞状。口位于虫体前端腹面，管状或漏斗状。咽由 16 个大细胞组成，呈葫芦状。食道短。肠支简单，伸向体后部前端。精巢位于虫体后中部。卵巢单个，新月形，位于精巢之后。交配囊呈卵圆形，由 1 根大而弯曲的大刺和 8 根刺组成。

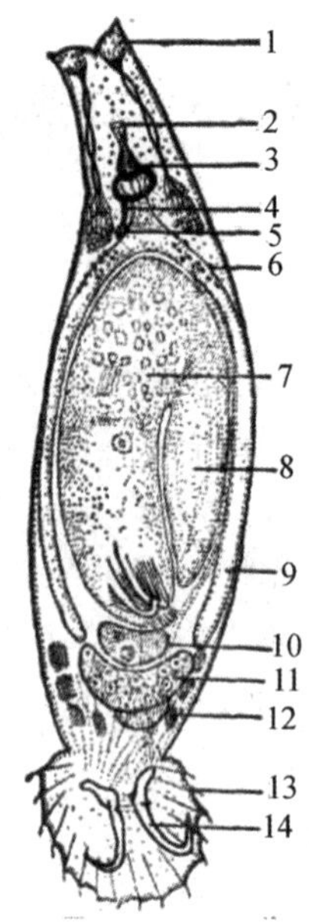

1. 头腺　2. 口　3. 咽　4. 食道　5. 交配囊　6. 卵黄腺　7. 孙代胚胎
8. 子代胚胎　9. 肠　10. 卵　11. 卵巢　12. 精巢　13. 边缘小钩　14. 中央大钩

图 15-2　三代虫

(仿 Yamaguti)

三代虫中部子宫内具胚体，胚体内有“胎儿”，在子代胚胎中孕育着第二代胚胎，故称三代虫。有时甚至可见连续四代在一起。

3. 本尼登虫(*Benedenia*)

本尼登虫(图 15-3)寄生于海水鱼的体表。检查方法是肉眼观察体表上虫体，取虫体镜检。虫体椭圆形，大小为(5.5～6.6)mm×(3.1～3.9)mm，前固着器为前端两侧的两个前吸盘，后固着器为身体后端的 1 个大的后吸盘，在后吸盘有边缘小钩 7 对，中央大钩 3 对(前、中、后)。口在前吸盘之后，口下连咽，从咽后分出两条树枝状的肠道，伸至身体的后端。口的前方有两对眼点，呈方形排列。精巢两个，卵巢 1 个，位于精巢前部，卵黄腺布满体内。

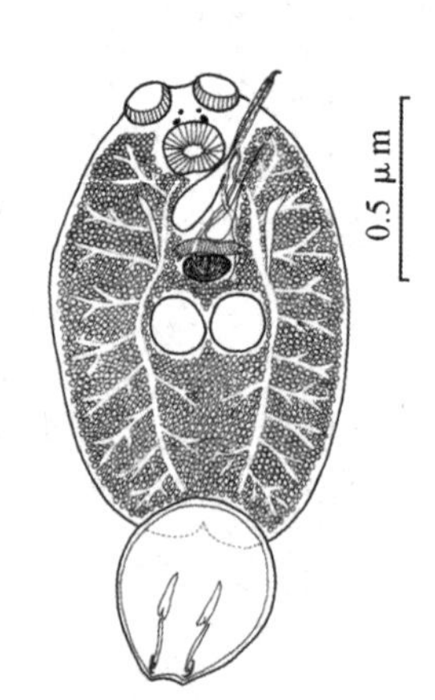

图 15-3　本尼登虫

4. 鲩华双身虫(*Sinidiplozoon ctenopharyndoni*)

鲩华双身虫(图 15-4)寄生于草鱼鳃间隔上，吸食血液与鳃的组织。检查方法是肉眼观察鳃上虫体，取虫体进一步镜检。活体时，稍大的虫体常因吸饱寄主血液呈棕黑色。成虫由两个虫体联合成“X”形，体不披棘，分为体前段与体后段两部分。体后段明显地分为三个部分，前部光滑无皱裂，中部扩成吸盘状，后端具有 4 对吸铗和 1 对中央钩。精巢多个，子宫开口于体前段与体后段交界处。口位于虫体前端腹面，呈漏斗状，两侧有 1 对小的口腔吸盘，下接食道。雌雄同体。幼虫孵出后全身被纤毛，具两个眼点，两个口吸盘，1 个咽和 1 条囊状的肠，后端具 1 对吸铗和 1 对锚钩。幼虫借纤毛在水中短时间漂游，遇到寄主就寄生于

鳃上，然后脱去纤毛，眼点消失，身体变长，在腹面中间形成1个吸盘，在背面中间形成1个背突起，此时若两个幼虫相遇，一个幼虫用生殖吸盘吸住另一个幼虫的背突起，随着虫体的发育，两个幼虫变成不可分割的一个成虫。

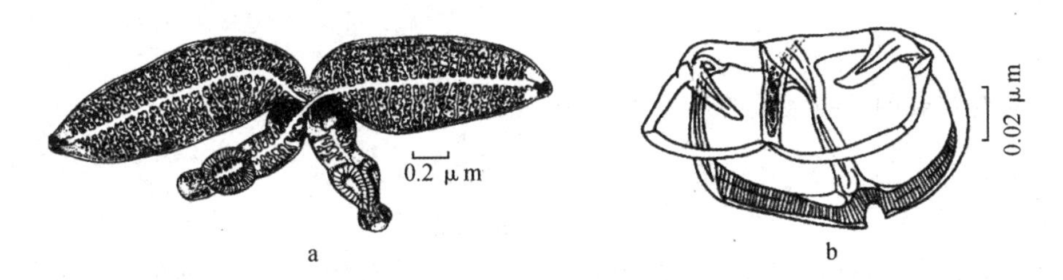

a. 整体　b. 吸器

图15-4　鲩华双身虫

（仿《湖北省鱼病病原区系图志》，湖北省水生生物研究所.科学出版社，1973）

5. 似鲶盘虫（*Silurodiscoides*）

似鲶盘虫（图15-5）寄生于鲶科鱼类鳃上。检查方法是剪下鳃丝镜检。似鲶盘虫头器及眼点各两对，中央大钩两对，背中央大钩长于腹中央大钩，并有1长片状的联结片及1对附加片。精巢单个，圆形输精管环绕肠支，具发达的贮精囊，并有前列腺贮囊。阴道单个。

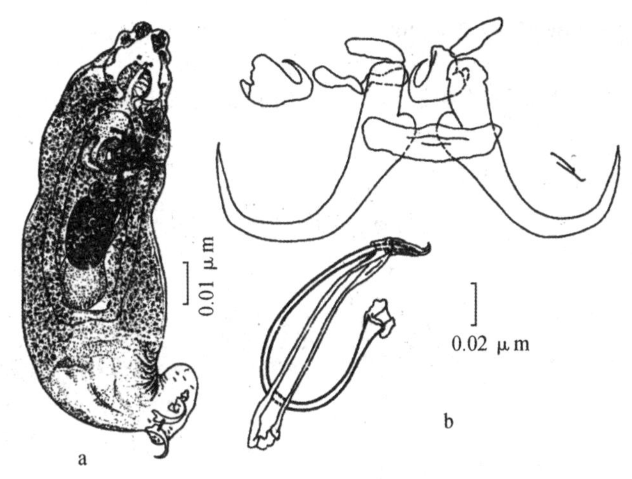

a. 整体　b. 后吸器与交接器

图15-5　破坏似鲶盘虫

（仿《湖北省鱼病病原区系图志》，湖北省水生生物研究所.科学出版社，1973）

15.4　注意事项

先用解剖镜或低倍显微镜观察，后转高倍显微镜观察。

15.5 要求

绘出所观察到的单殖吸虫的形态图,并注明病原与主要结构名称。

15.6 考核

15.6.1 过程评价要点及标准

1. 预习:实训前应根据教材认真预习,写出简要的预习报告。
2. 操作:规范操作,认真完成实训步骤的所有内容。
3. 记录:认真观察,如实、准确记录实训结果。
4. 整理:整理好实训器材,并放回原处。

15.6.2 终结评价要点及标准

1. 熟悉并掌握寄生于水产动物机体上的单殖吸虫的形态特征,并在规定时间内完成本实训所有内容。
2. 认真撰写实训报告,格式与字迹规范。
3. 实训报告内容包含以下部分:目标、实训材料与方法、步骤、要求。

15.7 思考题

三代虫的形态特征与指环虫有何不同?

实训十六

复殖吸虫与盾腹吸虫形态观察

16.1　目标

观察并掌握寄生于水产动物机体上的各种复殖吸虫与盾腹吸虫的形态特征，为诊断水产动物的蠕虫病打下基础。

16.2　实训材料与方法

16.2.1　材料

各种复殖吸虫与盾腹吸虫的活体标本或玻片染色标本。
复殖吸虫：独孤吸虫、鲫吸虫、黑龙江吸虫、真马生吸虫、叶孔吸虫、达氏吸虫、牛首吸虫
盾腹吸虫：黑龙江盾腹吸虫

16.2.2　药品

二甲苯、生理盐水、碘液、香柏油、甘油酒精、聚乙烯醇等。

16.2.3　用具

显微镜、解剖镜、解剖器具、载玻片、盖玻片、培养皿、纱布、擦镜纸等。

16.2.4　方法

解剖检查、肉眼检查与解剖镜或显微镜检查。

16.3 步骤

1. 双穴吸虫(*Diplostomulum*)

双穴吸虫的囊蚴和尾蚴(图16-1)寄生在淡水鱼体上。湖北双穴吸虫尾蚴从鱼的肌肉钻入附近血管,逐渐移至心脏,上行至头部,再从视血管进入眼球。倪氏双穴吸虫尾蚴从鱼的肌肉穿过脊髓,向头部移动入脑室,再沿视神经进入眼球。尾蚴在水晶体内发育成囊蚴,囊蚴在鸥鸟肠内发育为成虫。

双穴吸虫囊蚴的检查方法是先肉眼观察鱼类病变标本,注意眼、头部及体形有否变化。然后将寄生有双穴吸虫囊蚴的鱼的水晶体取出,放在载玻片上,将四周软组织刮下,加一滴生理盐水,盖上盖玻片,在显微镜下观察,就能看到前后伸缩的囊蚴。一个水晶体内囊蚴的数目可从数个到数百个。用解剖针刺破水晶体,则肉眼可见白色虫体从水晶体的液体中流出,此微小的白点即为囊蚴。

双穴吸虫囊蚴呈瓜子形,分前体和后体两部分,透明、扁平,前端有1个口吸盘,两侧各有1个侧器。口吸盘下方为咽,肠支伸至体后端。虫体后半部有1个腹吸盘,大小与口吸盘相仿,其下为椭圆形粘器。排泄囊菱形,从囊的前端分出排泄管。体内分布着许多颗粒状和发亮的石灰体。

双穴吸虫尾蚴的检查方法是调查鱼池周围或水草上是否有椎实螺存在,有则取螺体带回实验室检查。方法是压破外壳,取出肝、肠等,加几滴水,用解剖镜或放大镜观察是否有尾部分叉、尾柄弯曲的尾蚴存在,并统计其阴、阳性螺的百分率。一般阳性率有20%～30%,即可见造成的严重危害。

双穴吸虫尾蚴分为体部和尾部。体前端为头器,其后为咽和分成两叉的肠管,体中部有1个腹吸盘,其后有两对钻腺细胞,体末端有1个排泄囊。尾部分尾干和尾叉两部分,在水中静止时尾干弯曲。

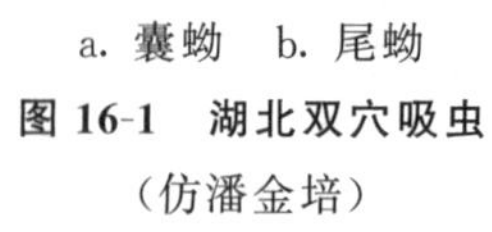

a. 囊蚴　b. 尾蚴

图16-1　湖北双穴吸虫

(仿潘金培)

2. 侧殖吸虫(*Orientotrema*)

日本侧殖吸虫(图 16-2)寄生于多种淡水鱼的肠道中。检查方法是剖开肠道,将肠壁放于盛有生理盐水的培养皿中反复洗涤,就可发现培养皿底有芝麻大小的乳白色的虫体。用吸管吸取放在载玻片上置显微镜下观察。虫体较小,卵圆形,扁平,似一粒小芝麻,大小为(0.616～0.678)mm×(0.349～0.401)mm。口吸盘圆形,位于亚前端,腹吸盘位于肠分叉下腹面。口下有椭圆形的咽。食道长,分叉于腹吸盘的前背面,肠末止于虫体近后端。精巢单个,位于体后端中轴线上,长椭圆形,两输精小管自前缘伸出,在进入阴茎囊前汇合成短小的输精管,进入阴茎囊后,即膨大成贮精囊。阴茎披小棘。生殖孔开口于体中线偏左。卵巢圆形或卵圆形,位于精巢的左后方。子宫环绕于肠分叉,与阴茎共同开口于生殖孔。卵黄腺分布于精巢前半部两肠支的外侧。排泄囊管状。

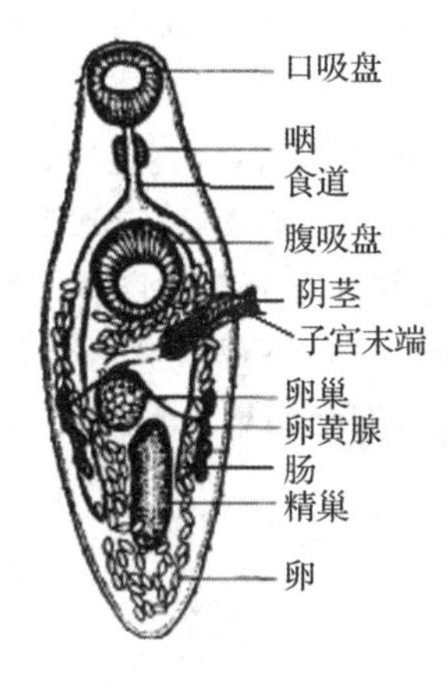

图 16-2　日本侧殖吸虫
(仿王伟俊等)

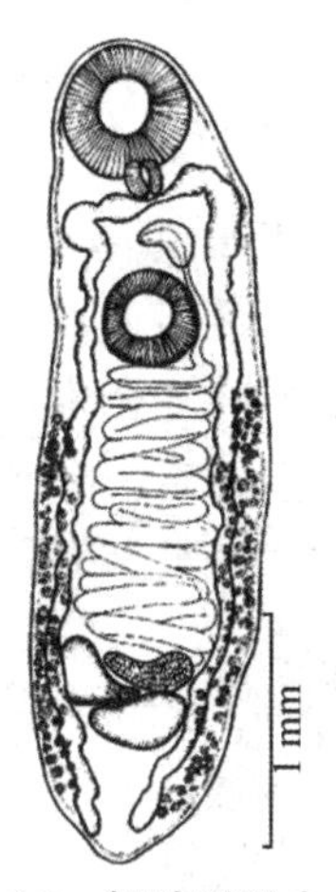

图 16-3　鳜独孤吸虫
(仿王伟俊等)

3. 独孤吸虫(*Azygia*)

鳜独孤吸虫(图 16-3)寄生于乌鳢、黄鳝、鳜鱼等肉食性鱼类的胃中。虫体细长或粗壮,富肌肉,体表平滑,口吸盘稍大于腹吸盘,腹吸盘位于虫体 1/3 处。食道短,二肠支伸至体末端。卵巢 1 个,为三角形或圆形,位于精巢之前。精巢两个,斜向排列。卵黄腺粒状,分布于腹吸盘之后体表的两侧,子宫上行盘曲,生殖孔在腹吸盘的前面。排泄囊"Y"形。

4. 鲫吸虫(*Carassotrema*)

吴氏鲫吸虫(图 16-4)寄生于草、鲮、鲤、鲫、赤眼鳟等鱼的消化道内。虫体较小,体表披棘,前端较密,而向后逐渐变稀。口吸盘位于前端腹面,近圆形,腹吸盘与口吸盘等大。精巢一个,心形,很大。贮精囊和阴茎囊相通,并形成两性囊。两性囊开口于腹吸盘前部正中。卵巢圆形或豆形,位于精巢之前。卵黄腺发达,分布于肠支两侧,前缘可达卵巢,后缘至体末端,排泄囊"Y"状。

5. 黑龙江吸虫(*Amurotrema*)

鲩黑龙江吸虫(图 16-5)寄生于草鱼肠中。虫体圆柱状,体表无棘,具乳突。口吸盘凹陷,腹吸盘位于体末端,很大。精巢两个,呈椭圆形,位于体中部,前后排列。生殖孔开口于口吸盘的后缘。子宫长而弯曲。卵黄腺不发达,呈颗粒状,分布于体后部肠支的两侧。

6. 真马生吸虫(*Eumasenia*)

福建真马生吸虫(图 16-6)寄生于胡鲇的胃肠道中。虫体小,纺锤形,披棘。口吸盘大,

图 16-4　吴氏鲫吸虫
（仿唐仲璋）

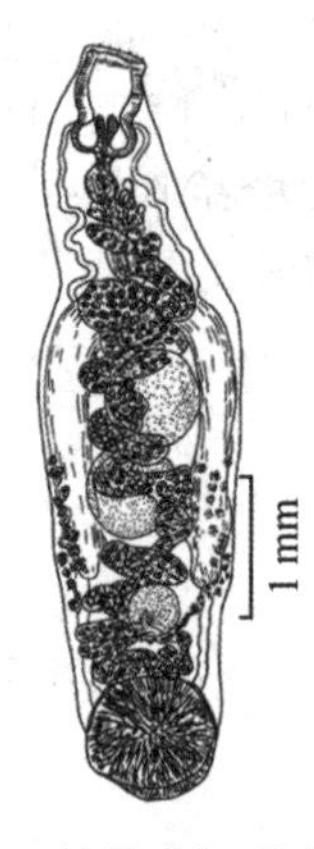

图 16-5　鲩黑龙江吸虫
（仿 AxMePoB）

端位，漏斗状，口部有两圈棘，在背部中部中断。有前咽和咽，食道短，肠支达虫体一半。腹吸盘居体前半部分。精巢两个，斜列于腹吸盘之后。阴茎囊长，与腹吸盘后部重叠，内有分成两段的贮精囊和前列腺复合体及阴茎。前列腺基部有分支的盲管。生殖孔开口于口吸盘背面。卵巢位于腹吸盘之后。有受精囊和劳氏管。卵黄腺滤泡状，分布于腹吸盘至精巢区域体之两侧。子宫占据精巢后部。排泄囊管状，上伸至精巢水平。

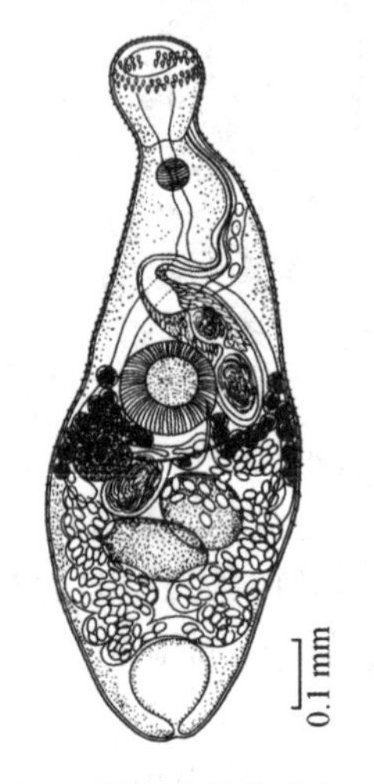

图 16-6　福建真马生吸虫
（仿唐崇惕等）

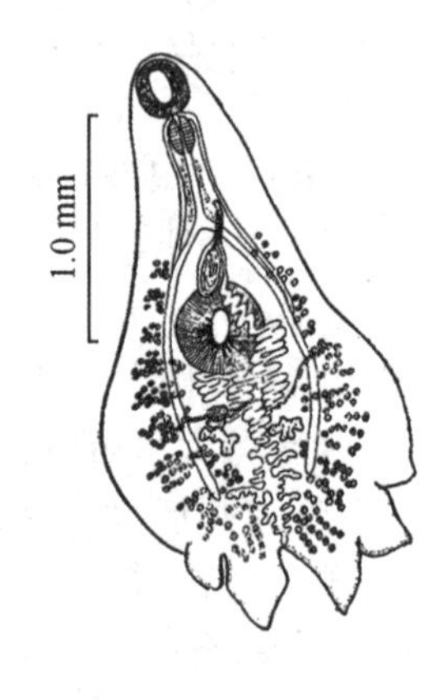

图 16-7　四尾叶孔吸虫
（仿顾昌栋等）

7. 叶孔吸虫（*Phyllotrema*）

四尾叶孔吸虫（图 16-7）的宿主为海鳗。虫体叶片状，后部宽，体表无棘。口吸盘亚端位。具前咽，咽圆形。食道分叉在口、腹吸盘之间。肠管延伸至体末端。腹吸盘较大，位于体前中部。精巢两个，阴茎囊棒状，在腹吸盘之前，含有贮精囊、前列腺和阴茎。卵巢亚中位，在腹吸盘与精巢之间，具受精囊。子宫仅限于体后部。卵黄腺位于肠支内、外两侧，延伸至体末，滤泡集成簇状，排泄囊常呈管状。

8. 达氏吸虫（*Dietziella*）

闽江达氏吸虫（图 16-8）寄生于黄颡鱼、鳜鱼、粗吻鮠的肠道中。虫体长叶形，头领发

达，背、侧棘只 1 列，背部中央不间断，腹角棘排成密集的两列。腹吸盘发达，位于体前部。精巢两个，圆形或椭圆形，位于体后部，前后排列。阴茎囊小，位于肠支分叉和腹吸盘之间。卵巢 1 个，圆形，位于腹吸盘与精巢之间。卵黄腺分布在体后部两侧至末端。虫卵大。

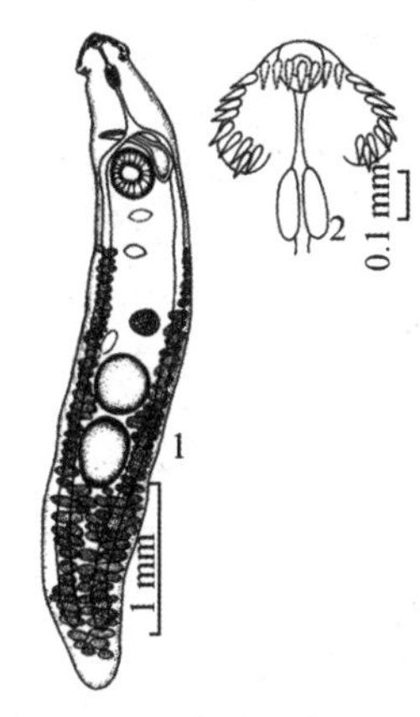

图 16-8　闽江达氏吸虫
（仿汪溥钦）

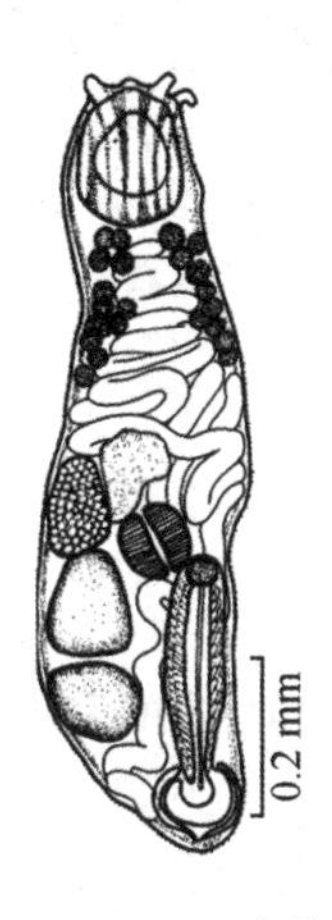

图 16-9　七须牛首吸虫
（仿汪溥钦）

9. 牛首吸虫（*Bucephalus*）

牛首吸虫（图 16-9）寄生于海水鱼和淡水鱼的肠道中。虫体或多或少伸长。前吸器盘状，常有 7 个触手。口位于虫体中 1/3 处，肠管短。精巢两个，前后排列。卵巢 1 个在精巢之前。卵黄腺位于卵巢之前，子宫发达，开口于生殖孔，生殖孔位于体末端。

10. 盾腹吸虫（*Aspidogaster*）

黑龙江盾腹吸虫（图 16-10）寄生于鲤、草、青鱼肠道中。虫体被一深沟分为背腹两部分，背部包含所有的内部器官。腹部是一个沟型的吸盘，上面有 110 个小槽，分成四列，每列各 27 个，中间两列小槽较两侧的略大，顶端与末端还各具一独立的小槽，两侧各小槽间具不太显著的圆形感觉突起 56 个。口在前端，呈喇叭形。口内有放射状的肌纤维，所以有吸附作用。口后有咽，咽后为一不分枝的盲管状肠。排泄孔在身体后端稍偏于腹面。精巢 1 个，接着为输精管、贮精囊，在腹吸盘前面和身体相连的沟内与雌性部分一同向外开口。卵巢 1 个，位于精巢之前，经输卵管、成卵腔、子宫而向外开口，卵黄腺在身体后半部之两侧，有一卵黄管通至成卵腔。劳氏管相当于单殖吸虫的阴道，开口于身体后部背面，有时子宫也作交配用。

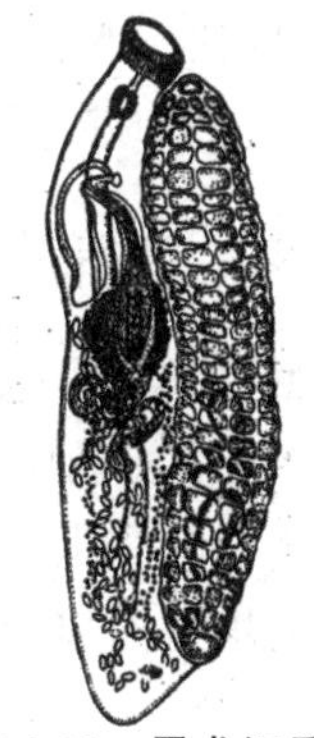

图 16-10　黑龙江盾腹吸虫
（仿《湖北省鱼病病原区系图志》，湖北省水生生物研究所.科学出版社，1973）

16.4 注意事项

直接用解剖镜或低倍显微镜观察即可。

16.5 要求

绘出所观察到的复殖吸虫与盾腹吸虫形态图,并注明病原与主要结构名称。

16.6 考核

16.6.1 过程评价要点及标准

1. 预习:实训前应根据教材认真预习,写出简要的预习报告。
2. 操作:规范操作,认真完成实训步骤的所有内容。
3. 记录:认真观察,如实、准确记录实训结果。
4. 整理:整理好实训器材,并放回原处。

16.6.2 终结评价要点及标准

1. 熟悉并掌握寄生于水产动物机体上的各种复殖吸虫与盾腹吸虫的形态特征,并在规定时间内完成本实训所有内容。
2. 认真撰写实训报告,格式与字迹规范。
3. 实训报告内容包含以下部分:目标、实训材料与方法、步骤、要求。

16.7 思考题

黑龙江盾腹吸虫的形态特征与黑龙江吸虫有何不同?

实训十七

绦虫、线虫和棘头虫形态观察

17.1　目标

观察并掌握寄生于水产动物机体上的各种绦虫、线虫和棘头虫的形态特征，为诊断水产动物的蠕虫病打下基础。

17.2　实训材料与方法

17.2.1　材料

绦虫、线虫和棘头虫的活体标本或玻片染色标本。

绦虫：鲤蠢、许氏绦虫、星加绦虫、头槽绦虫、舌状绦虫与双线绦虫

线虫：毛细线虫、似嗜子宫线虫

棘头虫：粗体虫、新棘吻虫、拟棒体虫

17.2.2　药品

二甲苯、生理盐水、碘液、香柏油、甘油酒精、聚乙烯醇等。

17.2.3　用具

显微镜、解剖镜、解剖器具、载玻片、盖玻片、培养皿、纱布、擦镜纸等。

17.2.4　方法

采用解剖镜或显微镜检查方法。

17.3 步骤

1. 许氏绦虫(*Khawia*)

许氏绦虫(图 17-1)寄生于淡水鱼的肠道中。检查方法是肉眼观察肠道中乳白色的许氏绦虫虫体,取虫体镜检。虫体背腹扁平,不分节,体长约 29 mm,头部明显膨大,呈鸡冠状。颈细长。只有一套生殖器官。精巢数目众多,分布于头部至阴茎囊间的外髓部周围。无外贮精囊。阴茎囊开口于生殖腔,位于子宫阴道口前方。卵巢“H”型,位于身体的后部,后翼短于前翼。卵黄腺分布于卵巢和颈部之间。子宫盘曲于阴茎囊和卵巢之间,并围有一层伴细胞。

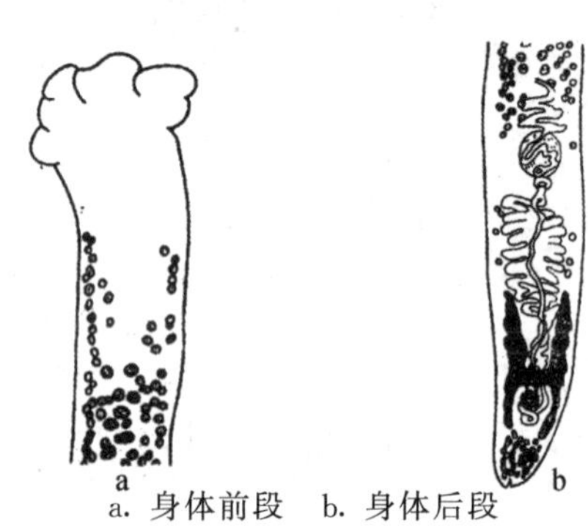

a. 身体前段　b. 身体后段

图 17-1　中华许氏绦虫

(仿《湖北省鱼病病原区系图志》,湖北省水生生物研究所.科学出版社,1973)

2. 鲤蠢(*Caryophyllaeus*)

鲤蠢(图 17-2)寄生于淡水鱼的肠道中。检查方法是肉眼观察肠道中乳白色的鲤蠢虫体,取虫体镜检。虫体带状不分节,头部不扩大,前缘皱褶不明显。颈短。只有一套生殖器官。精巢椭圆形,前端与卵黄腺同一水平,向外延伸到阴茎囊的两侧,卵黄腺比精巢小,分布位于髓部。卵巢呈“H”状,位于体后端附近的髓部,前后翼等长。

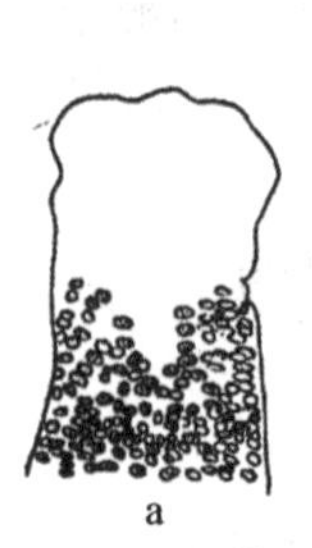

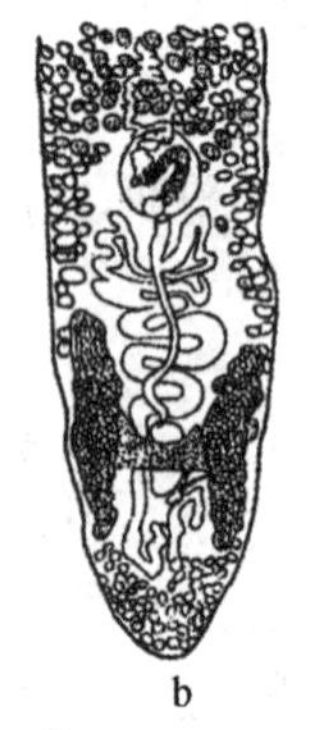

a. 虫体前段　b. 虫体后段

图 17-2　短颈鲤蠢

(仿《湖北省鱼病病原区系图志》,湖北省水生生物研究所.科学出版社,1973)

3. 头槽绦虫(*Bothriocephalus*)

九江头槽绦虫(图 17-3)寄生于草鱼、青鱼、团头鲂、鲢、鳙、鲮鱼等多种淡水鱼的肠道中。检查方法是解剖腹腔,肉眼可见前肠形成胃囊状扩张及白色带状虫体,取虫体镜检。虫体扁平,带状,由许多节片组成,虫体长 20～230 mm。头节略呈心脏形或梨形,具 1 明显的顶盘和两个较深的沟槽,每个节片内均有 1 套雌雄生殖器官。精巢球形,每节片内含 50～90 个不等,分布于节片的两侧。阴茎弯曲于阴茎囊内,阴茎及阴道共同开口于生殖腔内。生殖腔开口于节片中线。卵巢双叶翼状,横列在节片后端中央处。子宫弯曲成"S"形状,开口于节片中央腹面,在生殖腔孔之前。卵黄腺比精巢小,散布于节片的两侧。梅氏腺位于卵巢的前侧。

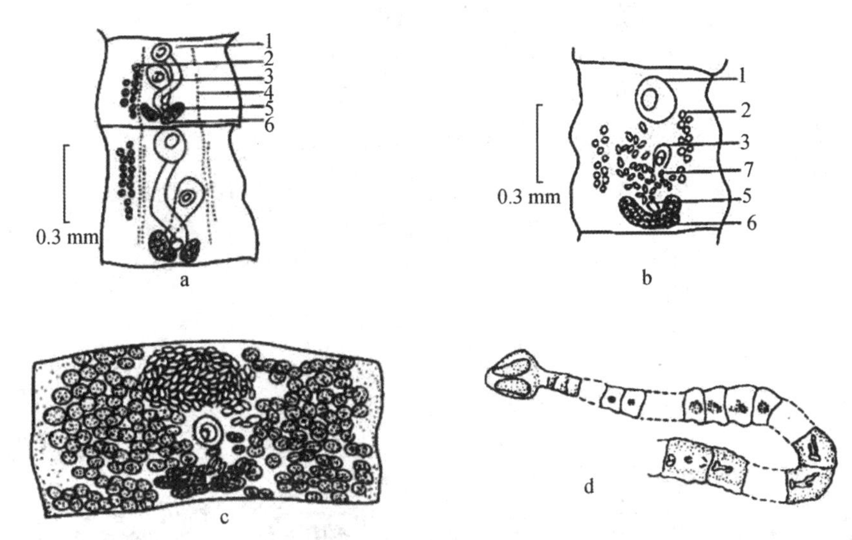

a. 九江头槽绦虫的成熟节片　b. 九江头槽绦虫的妊娠节片

c. 马口鱼头槽绦虫成熟节片　d. 九江头槽绦虫的成虫(仿《动物寄生虫学》)

1. 子宫口　2. 精巢　3. 阴茎囊　4. 卵黄腺　5. 梅氏腺　6 卵巢　7. 卵

图 17-3　头槽绦虫

(仿缪翔华等)

4. 星加绦虫(*Senge*)

鳢星加绦虫(图 17-4)寄生于乌鳢肠道中。头节矩形,沟槽浅但边缘发达。顶盘的背腹面呈锯齿状,钩子排呈两个半圆形。无颈部。外分节存在,但不完全。节片无缘膜,宽大于长(妊娠节片除外)。生殖孔背中位。精巢位于髓部两侧区。卵巢中后部。卵黄腺位于皮层,环绕于节片周缘。子宫圈向前,子宫囊通过靠近节片前缘的中孔开口于腹面。

5. 舌状绦虫(*Ligula*)与双线绦虫(*Digramma*)

舌状绦虫(图 17-5)和双线绦虫(图 17-6)的裂头蚴寄生在淡水鱼的腹腔内。检查方法是解剖腹腔,肉眼可见腹腔内充塞着白色带状的绦虫,取虫体镜检。成虫白色,扁带状,肉质肥厚。舌状绦虫的裂头蚴长度从数厘米到数米,白色带状,头节尖细,略呈三角形,身体无明显分节,背腹面各有 1 条凹陷的纵槽,每节节片有 1 套生殖器官。双线绦虫的裂头蚴前端尖,不分节但有类似节片的横纹,体长 60～264 mm,在身体背腹面各有两条陷入的平行纵槽,约从前端 15 mm 处出现,直至体后末端,腹面还有 1 条中线,介于两条平行线之间,每节节片有两套生殖器官。

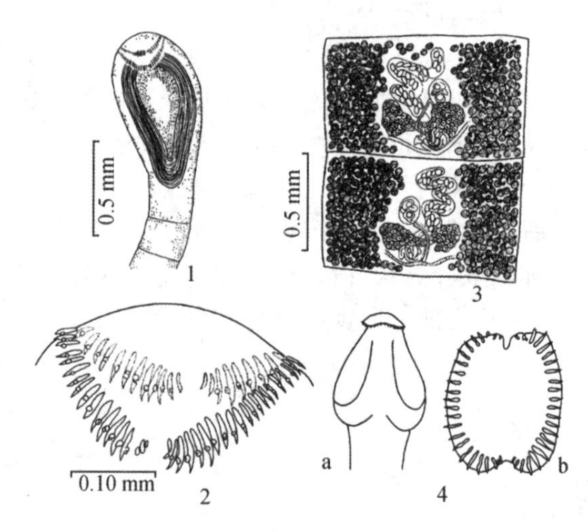

a. 侧面观　b. 顶面观

1. 头节　2. 头节顶部小钩　3. 成熟节片　4. 示头节钩子的排列

图 17-4　鳢星加绦虫

(仿《鱼类寄生虫与寄生虫病》,张剑英等.科学出版社,1998)

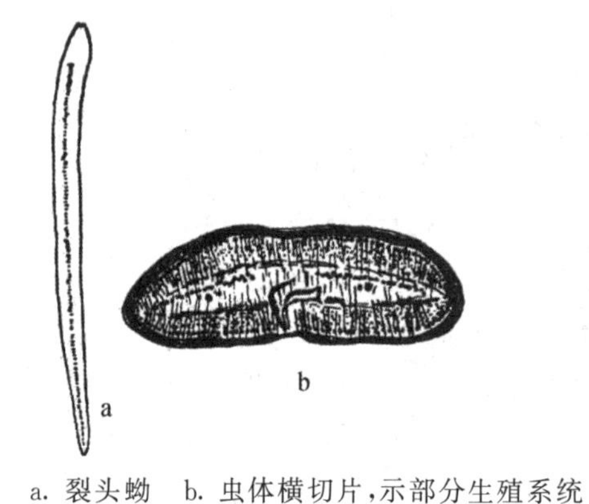

a. 裂头蚴　b. 虫体横切片,示部分生殖系统

图 17-5　舌状绦虫

(仿《湖北省鱼病病原区系图志》,湖北省水生生物研究所.科学出版社,1973)

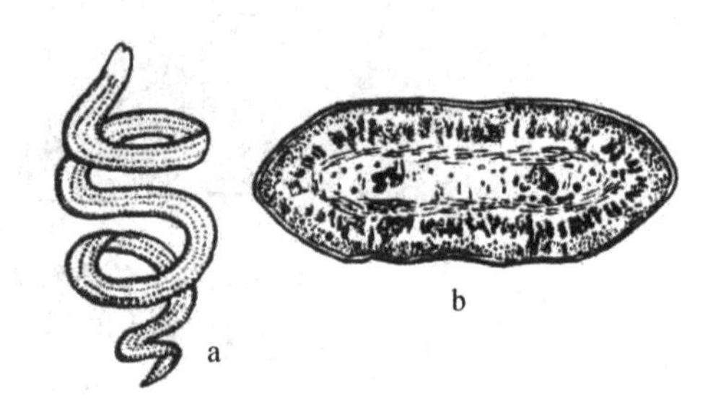

a. 裂头蚴　b. 虫体横切片,示部分生殖系统

图 17-6　双线绦虫

(仿《湖北省鱼病病原区系图志》,湖北省水生生物研究所.科学出版社,1973)

6. 毛细线虫(*Capillari*)

毛细线虫(图 17-7)寄生于草鱼、青鱼、鲢、鳙及黄鳝等肠道中。检查方法是取肠内含物和黏液镜检。虫体细小如线状,无色,表皮薄而透明,光滑,头端尖细,向后逐渐变粗,尾端钝圆形。口端位,无唇和其他构造。食道细长,由许多单行排列的食道细胞组成,后接粗大的肠。肠前端稍膨大。肛门位于尾端的腹面。雌虫个体较大,长 6.2～7.6 mm,具有 1 套生殖器官。卵巢、输卵管和受精囊的界线不明显,子宫较粗大。成熟时,子宫中充满卵粒。发育成熟的卵,经阴道由阴门排出体外。雄虫个体较小,长 4～6 mm。生殖系统为 1 条长管,射精管与泄殖腔相连,尾部有 1 条细长的交合刺,交合刺包藏在鞘里。

7. 似嗜子宫线虫(*Philometroides*)

鲤似嗜子宫线虫的雌虫(图 17-8)寄生于两龄以上的鲤鱼鳞片下,鲫似嗜子宫线虫的雌

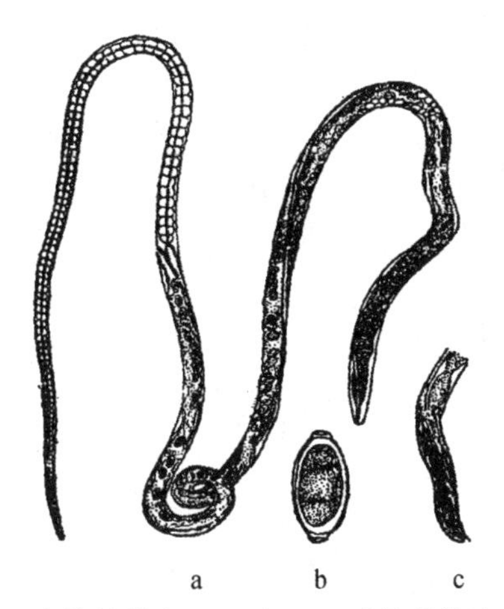

a. 成熟的雌虫　b. 卵　c. 成熟的雄虫

图 17-7　毛细线虫

(仿《中国淡水鱼类养殖学》,刘健康,何碧梧.科学出版社,1992)

虫寄生于鲫鱼鳍条之间,并与鳍条平行。检查方法是肉眼可见鳞片下或鳍条上红色虫体,取虫体镜检。鲤似嗜子宫线虫雌虫体色血红,成虫个体较大,体长 10～13.5 cm,呈圆筒形,两端稍细,似粗棉线状。体表分布着许多透明的疣突。口位于食道前部肌肉球的前端,无唇片。食道较长。肠管细长,红棕色,近尾端处略细,无肛门。卵巢两个,分别位于虫体的两端,子宫占据体内大部分空间,子宫里充满着发育的卵或幼虫,无阴道和阴门。雄虫寄生于寄主鳔和腹腔内,体细如丝,体表光滑,透明无色,体长 3.5～4.1 mm。尾端膨大,具两个半圆形尾叶,细长针状的交合刺,具引带,中部呈枪托状,包住交合刺。

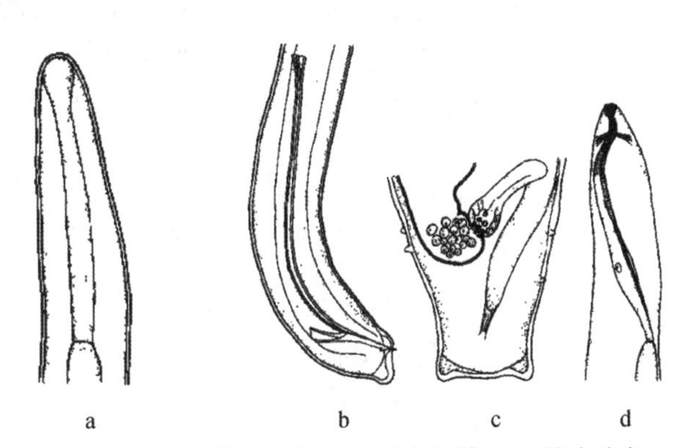

a. 雄虫头部　b. 雄虫尾部　c. 雌虫尾端　d. 雌虫头部

图 17-8　鲤似嗜子宫线虫

(仿《湖北省鱼病病原区系图志》,湖北省水生生物研究所.科学出版社,1973)

8. 粗体虫(*Hebesoma*)

强壮粗体虫(图 17-9)成虫寄生于鳜鱼肠道中,幼体寄生于鲤、青鱼等鱼的肠道中。虫体小而壮,体壁厚。肌肉纤维粗壮发达。体壁核不太明显。颈区缩短,吻球状,有 6 行螺旋排列,每行 3 个吻钩。吻鞘短,圆柱状。吻腺狭长,直达精巢前部。两个精巢大,前后相连。卵长圆形,中壳具球形延长部分。

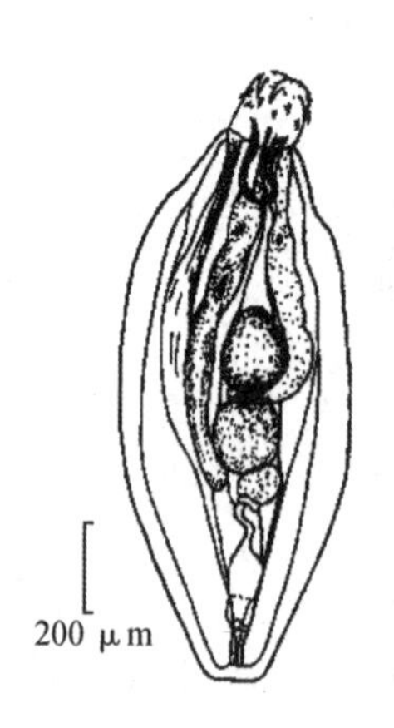

图 17-9 强壮粗体虫雄虫

（仿《湖北省鱼病病原区系图志》，湖北省水生生物研究所.科学出版社，1973）

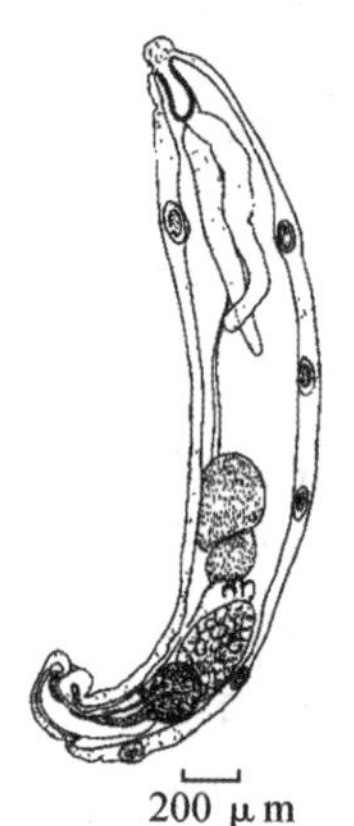

图 17-10 青海新棘吻虫

（仿刘立庆等）

9. 新棘吻虫（*Neoechinorhynchus*）

新棘吻虫（图 17-10）寄生于海水鱼和淡水鱼体上。虫体细小，圆柱状，弯曲或伸直。体壁巨核少，一般背面 4～5 个，腹面 1～2 个。吻短，略呈球状。吻钩螺旋排列为 6 行，每行 3 个，前面的钩比其他钩长且粗壮。吻鞘亚圆柱状，较短。吻腺指状至线形，含有少数巨核。两个精巢相连或不相连。卵为卵圆形至椭圆形，具同心圆的壳。

10. 拟棒体虫（*Corynosomoides*）

鳠拟棒体虫（图 17-11）寄生于肉食性淡水鱼的肠道内。虫体长，中等大小，躯干前部圆柱状，中部膨大，后部渐尖。躯干前部披有体棘。吻部长纺锤形，中部稍膨大，后部狭小，具有多列纵行的吻钩。前部的吻钩大，后部的吻钩小。吻鞘圆柱状。吻腺细管状，左右不等长，伸至精巢。精巢两个，位于体中部。雌性生殖孔位于虫体末端。

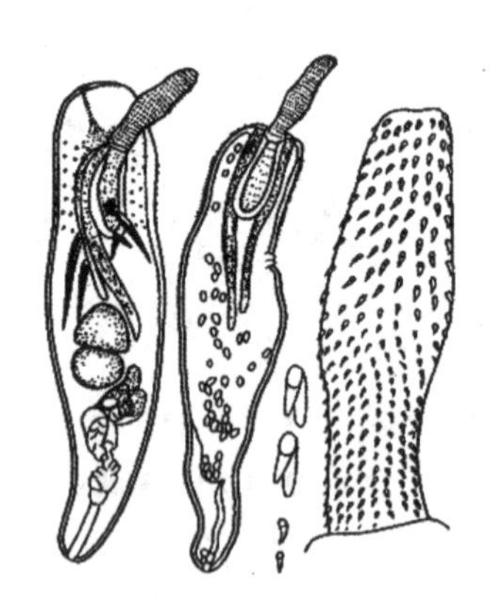

a. 雄虫　b. 雌虫　c. 吻腺　d. 吻

图 17-11 鳠拟棒体虫

（仿《鱼类寄生虫与寄生虫病》，张剑英等.科学出版社，1998）

17.4　注意事项

直接用解剖镜或低倍显微镜观察即可。

17.5　要求

绘出所观察到的各种绦虫、线虫和棘头虫的形态图，并注明病原与主要结构名称。

17.6　考核

17.6.1　过程评价要点及标准

1. 预习：实训前应根据教材认真预习，写出简要的预习报告。
2. 操作：规范操作，认真完成实训步骤的所有内容。
3. 记录：认真观察，如实、准确记录实训结果。
4. 整理：整理好实训器材，并放回原处。

17.6.2　终结评价要点及标准

1. 熟悉并掌握寄生于水产动物机体上的绦虫、线虫和棘头虫的形态特征，并在规定时间内完成本实训所有内容。
2. 认真撰写实训报告，格式与字迹规范。
3. 实训报告内容包含以下部分：目标、实训材料与方法、步骤、要求。

17.7　思考题

头槽绦虫成熟节片的结构与未成熟节片有何不同？

实训十八

甲壳动物形态观察

18.1 目标

观察并掌握寄生于水产动物机体上的各种甲壳动物的形态特征，为诊断水产动物的甲壳动物病打下基础。

18.2 实训材料与方法

18.2.1 材料

中华鳋、日本新鳋、锚头鳋、狭腹鳋、鲺和鱼怪的活体标本或玻片染色标本。

18.2.2 药品

二甲苯、生理盐水、碘液、香柏油、甘油酒精、聚乙烯醇等。

18.2.3 用具

显微镜、解剖镜、解剖器具、载玻片、盖玻片、培养皿、纱布、擦镜纸等。

18.2.4 方法

采用解剖镜或显微镜检查方法。

18.3　步骤

1. 中华鳋(*Sinergasilus*)

中华鳋(图 18-1)雌性成虫寄生在淡水鱼的鳃上。大中华鳋寄生在草鱼、青鱼、鲶鱼、赤眼鳟、餐条等鱼的鳃末端内侧。鲢中华鳋寄生于鲢、鳙鱼的鳃丝末端内侧和鲢鱼的鳃耙上。检查方法是肉眼可见鱼鳃丝上挂着白色“蛆样”的虫体,剪下鳃丝镜检。大中华鳋虫体较细长呈圆柱状,体长 2.54～3.30 mm。头部半卵形或近似三角形,头与胸节之间有长而显著的假节,第一至第四胸节宽度相等,第四胸节特别长大,第五胸节较小,生殖节特小。腹部细长,有两节明显的假节,第三腹节短小,后半部分成左右两支,最后端生有 1 对细长的尾叉。1 对卵囊细长,每囊含卵 4～7 行,卵小而多。鲢中华鳋虫体圆筒形,乳白色,体长 1.83～2.57 mm。头部略呈钝菱形,头胸部间的假节小而短。胸部六节,前四节宽而短,而第四胸节最宽大,第五胸节小,只有前节宽的三分之一,且常被前节所遮盖,生殖节小。腹部细长,卵囊粗大,含卵 6～8 纵行,卵小而多。

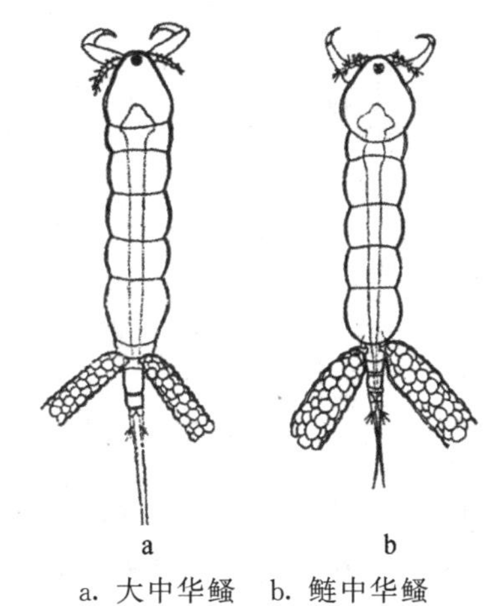

a. 大中华鳋　b. 鲢中华鳋

图 18-1　中华鳋背面观

(仿《鱼病学》,上海水产学校.中国农业大学出版社,1999)

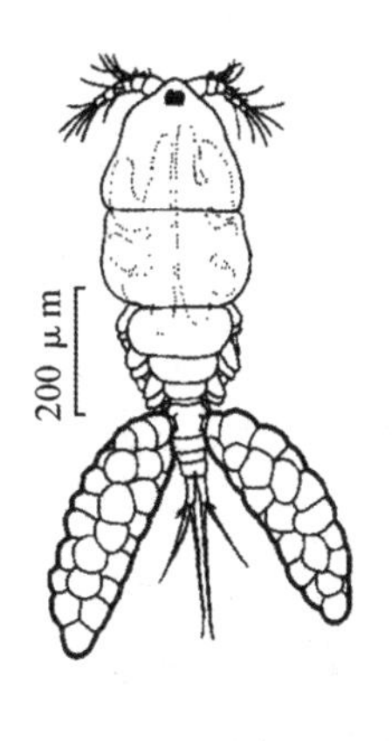

图 18-2　日本新鳋背面观

(仿尹文英)

2. 日本新鳋(*Neoergasilus japonicus*)

日本新鳋(图 18-2)雌鳋寄生在草、青、鲢、鳙、鲤、鲫、鲶等鱼的鳍、鳃耙、鳃丝上和鼻腔内。检查方法是剪下鳍、鳃丝镜检。雌鳋全长 0.61～0.73 mm。头部呈等腰三角形或半卵形。第一胸节宽大,其余 4 节胸节急剧依次缩小,在第二胸节背面两侧各有 1 个下垂突起,第五胸节特小,生殖节膨大,如坛状,宽大于长。腹部 3 节,尾叉细长。第一触角 6 节,第二触角 5 节,细而弱,末节为细长的爪,爪的末端略膨大成球形。第一对游泳足特大,内外肢末端(不连刚毛)可达第四、第五胸节;基节后缘有一向后伸展的三角形锥状齿,位于内外肢之间。内外肢均为 3 节,在外肢第二节的外侧向后生出一个膨大、透明而光滑的“拇指”,与第三节并列，并将第三节挤向内侧，其长度较第二节稍长。卵囊中间粗，两端尖细，有卵 4～5 行，卵较大而数目不多。

3. 锚头鳋(*Lernaea*)

锚头鳋(图 18-3)雌虫寄生在鱼的体表和口腔，全长 6～12 mm(鲤锚头鳋)。检查方法是肉眼可见鱼体表或鳞片上"针状"的虫体，取虫体镜检。锚头鳋雌虫开始营寄生生活时体节愈合成筒状，且扭转，头胸部长出头角(背角、腹角)。体形细长，分为头、胸和腹三部分。

头胸部：由头节和第一胸节融合而成，顶端中央有 1 个头叶，头叶中央有 1 个由 3 个小眼构成的中眼。在中眼腹面着生两对触角和口器。口器由上唇、下唇、大颚、小颚及颚足组成。

胸部：一般从第一游泳足之后到排卵孔之前为胸部。雌性成虫有 5 对游泳足。生殖节上常挂有 1 对卵囊。

腹部：排卵孔之后的部位，很短，末端有一细长的尾叉和数根刚毛。

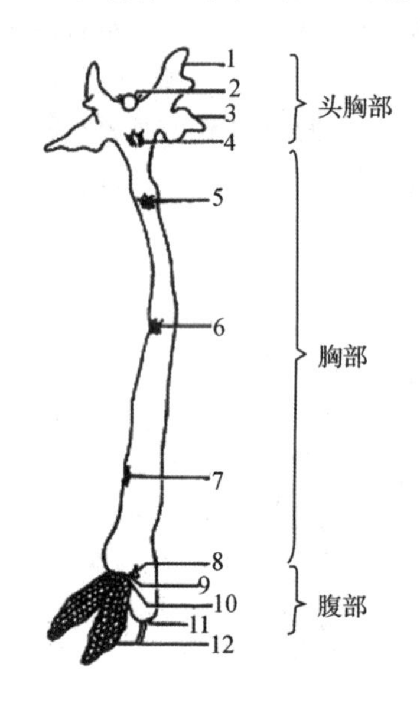

1. 腹角　2. 头叶　3. 背角　4. 第一游泳足　5. 第二游泳足　6. 第三游泳足
7. 第四游泳足　8. 第五游泳足　9. 生殖节　10. 排卵孔　11. 尾叉　12. 卵囊

图 18-3　雌性锚头鳋虫体部分示意图

(仿尹文英)

4. 狭腹鳋(*Lamproglena*)

狭腹鳋(图 18-4)寄生在鲫鱼、乌鳢和月鳢等淡水鱼的鳃上。检查方法是肉眼可见鱼鳃上的虫体，取虫体镜检。

鲫狭腹鳋短而粗，体长 1.3～2.15 mm，分头、胸、腹三部分。头部有 5 对附肢，即第一触角、第二触角、大颚、小颚和颚足。胸部无分节现象，但两侧有凹陷，有 5 对游泳足。腹部较短，比胸部狭得多，棒状而不分节，有尾叉 1 对。卵囊长度约为虫体全长的 3/4，卵排成单行。

中华狭腹鳋比鲫狭腹鳋细长得多，体长 2.4～4.09 mm。头部圆形，颈部两侧呈弧形凸起，较头部宽。胸部不分节，第二、三、四胸节愈合在一起，并膨大成圆筒形，生殖节略膨大。腹部特长，共 3 节，第三腹节为前两腹节长度之和。卵囊细长，卵排成单行。5 对游泳足。

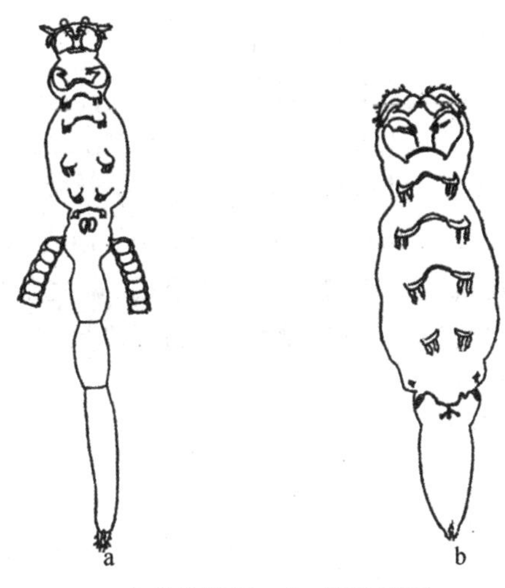

a. 中华狭腹鳋　b. 鲫狭腹鳋

图 18-4　狭腹鳋

(仿《湖北省鱼病病原区系图志》,湖北省水生生物研究所.科学出版社,1973)

5. 鲺(*Argulus*)

鲺(图 18-5)多数寄生于体表和鳃上,也有寄生于口腔。成虫、幼虫均营寄生生活。检查方法是肉眼可见鱼体表或鳃上形如"臭虫"的虫体,取虫体镜检。鲺类雌雄同形,由头、胸、腹三部分组成。身体背腹扁平,略呈椭圆形或圆形。生活时体透明或颜色与寄主的体色相近,具保护作用。头部与胸部第一节愈合成头胸部,其两侧向后延伸形成马蹄形或盾形的扁圆的背甲。头胸部背面有 1 对复眼和 1 个中眼。腹面有 5 对附肢,分别是第一触角、第二触角、大颚、小颚(成体时特化为 1 对吸盘)和颚足。还有 1 个口器,口器由上下唇和大颚组成。口器前面有 1 圆筒形的口管,口管内有 1 口前刺,口前刺能上下伸缩,左右摇摆,基部有 1 堆多颗粒的毒腺细胞,可分泌毒液。胸部第二至第四节为自由胸节。有双肢形的游泳足 4 对。腹部不分节,为 1 对扁平长椭圆形叶片,前半部愈合,具呼吸功能。雄性的精巢和雌性的受精囊位于腹部。在腹部两叶之间有 1 对尾叉。

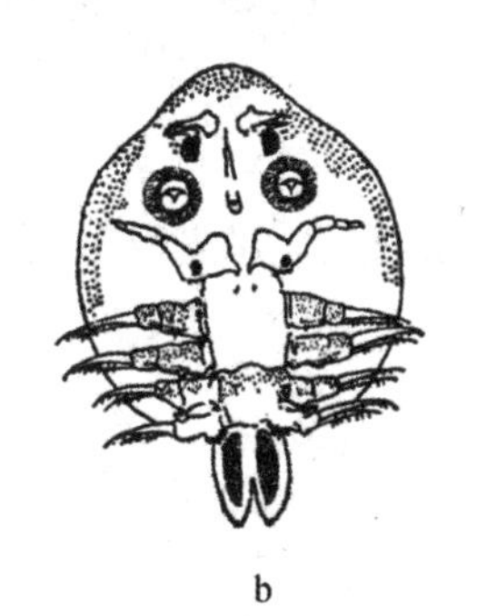

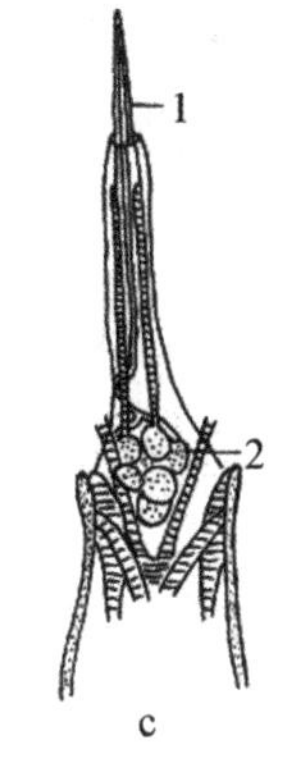

a. 背面观　b. 腹面观　c. 口刺

1. 刺　2. 毒腺细胞

图 18-5　日本鲺

(仿《湖北省鱼病病原区系图志》,湖北省水生生物研究所.科学出版社,1973)

6. 鱼怪(*Ichthyoxenus*)

鱼怪(图 18-6)成虫寄生在淡水鱼的胸鳍基部附近围心腔后的体腔内形成寄生囊,囊内通常有一雌一雄鱼怪寄生,有 1 孔和外界相通。鱼怪幼虫寄生在鱼的体表和鳃上。检查方法是肉眼可见鱼胸鳍基部附近乳白色的鱼怪成虫,取虫体镜检。

鱼怪雌虫比雄虫大。雄鱼怪大小为(0.6～2) cm×(0.39～0.98) cm,一般左右对称。雌鱼怪大小为(1.4～2.95) cm×(0.75～1.8) cm,常扭向左或右。身体分头、胸、腹三部分。头部似凸形,背两侧有两只复眼。胸部由 7 节组成,宽大而背面隆起,腹面有胸足 7 对。腹部 6 节,较胸部狭小,前 5 节着生 5 对叶状腹肢,为呼吸器官,第六腹节称尾节,呈半圆形,其两侧各有 1 对双肢型尾肢。

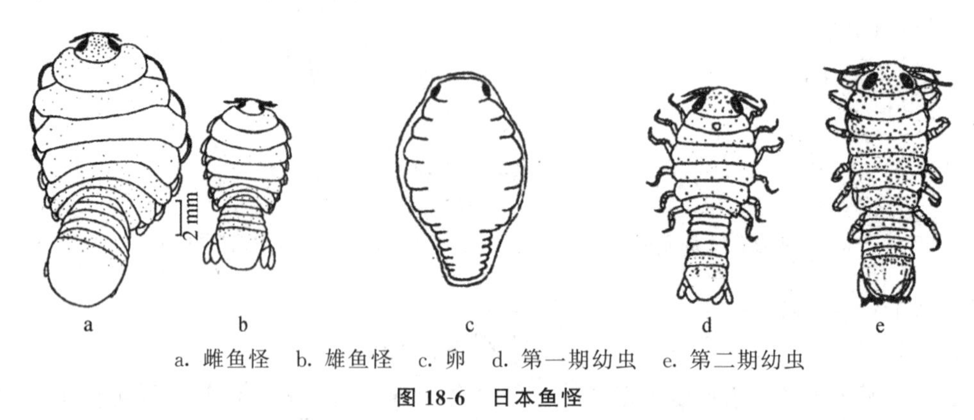

a. 雌鱼怪 b. 雄鱼怪 c. 卵 d. 第一期幼虫 e. 第二期幼虫

图 18-6 日本鱼怪

(仿黄琪琰)

18.4 注意事项

直接用解剖镜或低倍显微镜观察即可。

18.5 要求

绘出所观察到的甲壳动物的形态图,并注明病原与主要结构名称。

18.6 考核

18.6.1 过程评价要点及标准

1. 预习:实训前应根据教材认真预习,写出简要的预习报告。

2. 操作：规范操作，认真完成实训步骤的所有内容。

3. 记录：认真观察，如实、准确记录实训结果。

4. 整理：整理好实训器材，并放回原处。

18.6.2　终结评价要点及标准

1. 熟悉并掌握寄生于水产动物机体上的甲壳动物的形态特征，并在规定时间内完成本实训所有内容。

2. 认真撰写实训报告，格式与字迹规范。

3. 实训报告内容包含以下部分：目标、实训材料与方法、步骤、要求。

18.7　思考题

简述中华鳋、锚头鳋、鲺的形态特征。

模块三

水产动物病原标本的收集和保存

实训十九

常用试剂、固定剂、染色剂和封固剂的配制

19.1　目标

掌握各种试剂、固定剂、染色剂、封固剂配制方法。

19.2　实训材料

蒸馏水以及配制各种试剂、固定液、染色液、封固剂所需要的药品和用具。

19.3　步骤与方法

19.3.1　试剂的配制

1. 0.60%～0.85%生理盐水

用于检查寄生虫。

配方：NaCl　0.60～0.85 g

蒸馏水　100 mL

配制：取 NaCl(化学纯)，溶解于蒸馏水或冷开水内即可。

2. 任氏液(Ringer's fluid)

用于收集血液寄生虫和培养寄生虫。

配方：NaCl　7.526 g

KCl　0.417 g

$CaCl_2$　0.322 g

$MgCl_2$　0.095 g

葡萄糖　2.91 g

$NaHCO_3$　0.193 g

KH_2PO_4　0.122 g

蒸馏水　1 000 mL

pH 值　6.9

3. 鲁高氏溶液

用于鉴定碘泡虫的嗜碘泡，配制后可用1～2个月。

配方：碘　1 g

碘化钾　2 g

蒸馏水　300 mL

4. 酸酒精

褪色剂，用以退掉用戴氏苏木精或硼砂洋红染过的标本。

配方：30%酒精　50 mL

纯盐酸　3～5滴

5. 氨水酒精

用葡翁氏液固定的整体标本，在染色前，可用氨水酒精去除标本上的黄色，等到完全变白，才能染色。

配方：70%酒精　50 mL

氨水　1 mL

6. 碘酒

配方：碘　2 g

KI　1.5 g

75%酒精　100 mL

配制：称取碘和KI，先加入少量的75%酒精搅拌，待溶解后再用75%酒精稀释至100 mL。

19.3.2　固定液的配制

固定液按其组成分简单固定液和混合固定液两大类。简单固定液是用一种药品配制而成的，它们只将细胞的某种成分固定保存下来，而不能将所有成分保存下来，所以有一定的局限性，很少单独使用。混合固定液是由几种药品配制而成的，可以使简单固定液各自的优缺点相互补充成为完善的固定液。

1. 各级酒精

酒精透入组织的速度很快，经酒精固定的组织容易变硬，收缩厉害。

仅70%的酒精适用于长期保存组织。市售的普通酒精，通常浓度是95%。

配制：各级酒精的配制可按下列公式推算：

(原酒精浓度－最终酒精浓度)×100＝所需加水量

①50%酒精配制

取50 mL 95%的酒精，加入45 mL蒸馏水即成。

②70%酒精配制

取 70 mL 95%的酒精，加入 25 mL 蒸馏水即成。

2. 4%和 10%的福尔马林溶液

福尔马林又称甲醛，渗透力强，对组织收缩少。

市上出售的甲醛水溶液，其浓度为 37%～40%。

配制：①4%福尔马林溶液

取 4 mL 市售的 37%～40%甲醛水溶液，加入 96 mL 蒸馏水即成。

②10%福尔马林溶液

取 10 mL 市售的 37%～40%甲醛水溶液，加入 90 mL 蒸馏水即成。

3. 葡翁氏溶液

适用于固定小型蠕虫，固定时间 3～12 h，或过夜。

配方：饱和苦味酸　75 mL

福尔马林　25 mL

冰醋酸　5 mL

4. 肖氏液(Schaudinn's fluid)

肖氏液适用于固定原生动物，固定 10～60 min。

固定完毕用 50%或 70%酒精换洗，再用碘酒或碘液除去升汞沉淀。

配方：①A 液

饱和升汞　2 份

95%酒精　1 份

②B 液

冰醋酸　5 mL

A 液可保存，用时每 100 mL 的 A 液加入 5 mL 的 B 液。

5. 荷氏液(Holland's fluid)

鞭毛虫类经此液固定容易染色。

配方：醋酸铜　2.5 g

苦味酸　4 g

福尔马林　10 mL

冰醋酸　1.5 mL

蒸馏水　100 mL

6. F.A.A.固定液

用以固定单殖吸虫。

配方：50%酒精　90 mL

冰醋酸　5 mL

福尔马林　5 mL

7. 吉尔逊(Gilson)固定液

用以固定单殖吸虫，固定时间为 15～20 min。

配方：硝酸　15 mL

冰醋酸　4 mL

升汞　20 g
60%酒精　100 mL
蒸馏水　88 mL

8. 巴氏液(Barbagallo's fluid)

用于固定体壁易破裂的成熟线虫。

配方:福尔马林　30 mL
纯盐　6 g
蒸馏水　1 000 mL

9. 10%的甘油酒精

配方:70%酒精　90 mL
甘油　10 mL

10. 仁克福尔马林固定液

配方:升汞　5 g
硫酸钠　1 g
重铬酸钾　2.5 g
蒸馏水　100 mL

配制:以上四种成分混合后,煮开使之溶解,即为母液。
每次使用前,在 100 mL 母液中加 5 mL 的福尔马林(或冰醋酸)。
此液适于固定内脏之用(固定时间 30～40 min 或更长些),用时需用碘液处理,平时将固定后的标本保存在 70%酒精内。

19.3.3　染色液的配制

1. 革兰氏染色液

(1)草酸铵结晶紫液(又称革兰氏结晶紫)

配方:①A 液
结晶紫(含染料 90%以上)　2 g
95%乙醇　20 mL
②B 液
草酸铵　0.8 g
蒸馏水　80 mL

配制:将结晶紫溶于 95%乙醇中,配制结晶紫酒精溶液(A 液),再加入 1%草酸铵水溶液 80 mL(B 液),混合静置 24 h,过滤使用。此染液较稳定,在密闭的棕色瓶中可储藏数月。

(2)革兰氏碘液

配方:碘　1 g
碘化钾　2 g
蒸馏水　300 mL

配制:先用少量(3～5 mL)蒸馏水溶解碘化钾,再投入碘片,待碘全溶解后,加水稀释至 300 mL。

(3)番红水溶液(亦称沙黄水溶液)

配方:番红　3.41 g

95%乙醇　100 mL

配制:按上述比例称取番红,溶于95%乙醇溶液中,即成贮存的乙醇饱和溶液,使用时用蒸馏水稀释10倍即成工作液。

保存期不超过4个月。

2. 碱性美蓝染色液(亦称吕氏美蓝染色液)

配方:①A液

美蓝(含染料90%)　0.3 g

95%乙醇　30 mL

②B液

0.01%KOH溶液(重量比)　100 mL

配制:取美蓝溶于95%乙醇中,配制美蓝酒精溶液(A液),然后加0.01%KOH溶液(B液)混合即成。此染色液在密闭条件下可保存多年。若将其在瓶中贮至半满,松塞棉塞,每日拔塞振摇数分钟,并不时加水补充失去的水分,约1年后可获得多色性,成为多色性美蓝染色液。

3. 石炭酸复红染液

配方:①A液

碱性复红　0.3 g

95%酒精　10 mL

②B液

石炭酸　5 g

蒸馏水　95 mL

配制:将碱性复红在研钵中研磨后,逐渐加入95%酒精,继续研磨使其溶解,配成A液。将石炭酸溶解于水中,配成B液。混合A液及B液即成。通常可将此混合液稀释5～10倍使用,稀释液易变质失效,一次不宜多配。

4. 1%伊红液

配方:伊红　1 g

95%酒精　100 mL

配制:将伊红溶解于95%酒精中。

浓度为0.001%～0.1%时,适用于染色活体原生动物。

5. 1%硝酸银液

主要用于染色纤毛的纤毛纹。

配方:硝酸银　1 g

蒸馏水　100 mL

配制:称取1 g硝酸银,溶于100 mL蒸馏水中即可。

用法:用1%硝酸银溶液滴在晾干的涂片(载玻片)标本上,玻片放在窗口光线较强处20～40 min,去硝酸银液,在清水中浸泡2～3 h使涂面成深棕色,干燥后即可观察。

6. 碘—碘化钾(I_2－KI)溶液

碘—碘化钾溶液能将淀粉染成蓝紫色，蛋白质染成黄色。

配方：碘化钾　2 g

蒸馏水　300 mL

碘　1 g

配制：先将碘化钾溶于少量蒸馏水中，待完全溶解后再加碘，振荡溶解后稀释至 300 mL，保存在棕色玻璃瓶内。

用时可将其稀释 2～10 倍，这样染色不致过深，效果更佳。

7. 海氏(Heidenhain's)苏木精染色液(又称铁矾苏木精染色液)

配方：①甲液(铁明矾媒染剂)

硫酸铁铵(铁明矾)　4 g

蒸馏水　100 mL

②乙液(染色剂)

苏木精　1 g

95%酒精　10 mL

蒸馏水　90 mL

配制：①甲液

用蒸馏水配制成 4%的铁明矾水溶液，过滤后备用。

②乙液

将苏木精溶于无水酒精中，再加入蒸馏水，瓶口用双层纱布包扎，放置室内两个月，让其充分氧化后再用。

8. 硼砂洋红

用以染色大型寄生虫。

配方：洋红　1 g

4%硼砂水溶液　100 mL

70%酒精　100 mL

配法：将洋红加入硼砂水溶液中煮沸，充分溶解，冷却后加入 70%酒精，静置 24 h 后过滤，就可使用。

9. 姬姆萨(Giemsa)染液

姬姆萨(Giemsa)染液最适于染血液寄生虫。

配方：缓冲液　1 mL

姬姆萨(Giemsa)母液　3～5 mL

蒸馏水　3 mL

其中：①磷酸缓冲液

磷酸二氢钾　6.63 g

磷酸氢二钠　2.56 g

蒸馏水　1 000 mL

pH 值　6.4

②姬姆萨(Giemsa)母液

姬姆萨粉 0.5 g

甘油 33 mL

甲醇 33 mL

配制：先将姬姆萨粉放研体中研细，再逐滴加入甘油继续研磨，充分研溶后，再加入剩余的甘油，将研钵放入 60 ℃恒温水浴箱中 2 h，促其彻底溶解。取出冷却后，加入甲醇，搅匀，过滤于棕色瓶中，放 37 ℃恒温箱中 15～30d，移入室温中长期保存备用。

19.3.4 封固剂的配制

染色后的标本若要长久保存，需在标本上滴加封固剂，于封固剂上覆盖片，使组织处于载玻片与盖玻片之间，这样可保护标本不被机械损坏及防止灰尘污染。封固剂的种类较多，常见的有以下几种：

1. 4%聚乙烯醇乳酸酚混合液

封固甲壳类、棘头虫和单殖吸虫之用，又是良好的透明剂。

配制：取 4 g 聚乙烯醇粉末，溶于 100 mL 酚(石炭酸)和乳酸的等量混合液中(50 mL 酚加 50 mL 乳酸)，置热水浴锅内约 3～4 h，使聚乙烯醇完全溶解成均匀透明的液体即成。配好的聚乙烯醇混合液中，加入极少量酸性品红(100 mL 中加入约半粒芝麻大的酸性品红)，使呈玫瑰红色，可把几丁质染成红色。

2. 甘油胶胨

封固线虫、单殖吸虫、黏孢子虫用。

配制：取 8 g 明胶，浸在 40 mL 蒸馏水中，经 2～3 h 后，加入 50 g 纯甘油和 1 g 结晶状酚，放在水浴锅中加热，过滤并冷却。制好的甘油胶胨，趁热装进试剂瓶里，将瓶略倾斜，使凝结成斜面，封固标本时便于取出小块使用。

3. 加拿大树胶

封固制成的切片、涂片和整体片。

配制：加适量的二甲苯于中性加拿大树胶内，使成豆油般浓度即可。配好的树胶装在有玻璃帽子的树瓶中，瓶中有一根长度适宜的玻棒。使用时，用玻棒蘸一滴树胶放到载片上，涂面向下盖上盖片，胶层要薄，切勿产生气泡。

4. 松脂油

用以封闭甘油胶胨等封固的标本盖片边缘。

配制：取 7 g 松脂加入 2 g 熔蜡中即成松脂油。用时要加热。

5. 弗氏胶

封固单殖吸虫，但保存时间不宜过长。

配制：称取阿拉伯胶 24 g，溶于蒸馏水 40 mL 内，置 50～60 ℃温箱内使其溶解，经 24 h 后加入含水三氯乙醛，即抱水氯化醛[$Cl_2CH(OH)_2$]60 g 和纯甘油 16 mL 的混合液(抱水氯化醛先溶于纯甘油中)中即成。也可加入少量(约 3 mL)的冰醋酸。

6. 沥青胶

用以封闭用甘油酒精、甘油胶胨、聚乙烯醇混合液、弗氏胶等处理标本的盖玻片的边缘。

配制：用小块沥青放入 30 mL 或 60 mL 的广口瓶内，加入适量的二甲苯(浸没为止)，放置 1～2 d，调匀即成。使用时以毛笔浸渍沥青胶，涂封盖玻片边缘（盖玻片周围应先擦干净），用过的毛笔仍可用废二甲苯洗净。

7. 明胶粘贴剂

配制：先将 100 mL 蒸馏水加温至 30～40 ℃，慢慢加入 1～2 g 明胶，待全部溶解后，再加入 2 g 石炭酸（苯酚）和 15 mL 甘油，搅拌至全溶为止，然后用纱布过滤，滤液贮于瓶中备用。

19.4 注意事项

1. 配制各级酒精时，可用 95％的酒精加上一定量的蒸馏水即可。

2. 配制不同浓度的福尔马林溶液时，把它当成 100％的原液来配。

3. 苦味酸是一种黄色粉末，具有爆炸性，保存时应注意。最好在瓶装的苦味酸粉末内加入蒸馏水，这样可以保证安全，用时取它的液体作为饱和液使用。葡翁氏溶液最好临用时配制，不宜久藏。

4. 肖氏液的 A 液和 B 液混合，要现配现用，否则混合后 3～4 d 即失效。

5. 海氏苏木精染色液的甲液与乙液在任何情况下都不能混合。甲液必须保持新鲜，应现配现用。用乙液染色前须先经甲液媒染，并充分水洗，染色后经水稍洗，再用另一瓶甲液分色至适度。

6. 姬姆萨（Giemsa）母液临用时用 pH 6.4 的磷酸盐缓冲液稀释 10 倍。刚配制的母液染色效果欠佳，保存时间越长越好。

19.5 要求

各配制一种试剂、固定剂、染色剂和封固剂。

19.6 考核

19.6.1 过程评价要点及标准

1. 预习：实训前应根据教材认真预习，写出简要的预习报告。
2. 操作：规范操作，认真完成实训步骤的所有内容。
3. 记录：认真观察，如实、准确记录实训结果。
4. 整理：整理好实训器材，并放回原处。

19.6.2　终结评价要点及标准

1. 了解各种试剂、固定剂、染色剂、封固剂的配方，掌握常见试剂、固定剂、染色剂、封固剂的配制方法，并在规定时间内完成本实训所有内容。

2. 认真撰写实训报告，格式与字迹规范。

3. 实训报告内容包含以下部分：目标、实训材料与方法、步骤、要求。

19.7　思考题

1. 如何配制75%酒精和5%福尔马林溶液？

2. 常用何种染色剂染色纤毛的纤毛纹？

实训二十

病原标本的收集、保存与染色

20.1 目标

掌握水产动物病原标本的收集、固定、保存方法。
掌握水产动物病原标本的染色与玻片标本的制作方法。

20.2 实训材料与方法

20.2.1 材料

选择活的或死亡不久的新鲜样本(海水鱼或淡水鱼)。

20.2.2 药品

各种试剂、固定液、染色液、封固剂。
50%磷酸甘油缓冲液(配法见附录四)

20.2.3 用具

显微镜、解剖镜、白搪瓷解剖盘、解剖剪、解剖刀、解剖针、小镊子、微吸管(附橡皮头)、烧杯、载玻片、盖玻片、培养皿、擦镜纸、纱布、棉球、电子天平、冰块、保温瓶、载玻片标本盒、小指管、标本管、标本瓶、标签纸等。

20.2.4 方法

对需要通过详细观察形态结构才能鉴定和需要进一步研究的病原,应做好其标本的收集、固定、保存和染色。病原的种类不同,收集、固定和保存用的方法也随之不同。

20.3　步骤

对需要通过详细观察形态结构才能鉴定和需要进一步研究的病原，应做好其标本的收集、固定、保存和染色。病原的种类不同，收集用的方法也随之不同。

20.3.1　病原标本的收集、固定和保存

1. 病毒材料

一般选择濒死或者出现临床症状的个体，无菌操作下采集已知或怀疑有病毒存在的部位或病变器官进行病毒分离，最好以活体标本的形式送检。死亡较久的不新鲜标本，不易分离病毒。

从发病池塘(或人工感染)中检获未死或刚死的病体，以70%酒精棉球轻轻抹去病体表面不洁之物，然后进行解剖，检查各器官组织的病状，取出病变的器官组织置于无菌器皿中，称重，然后置于50%的磷酸甘油缓冲液中。注明收集地点、日期和寄主种类。实验室距现场较近，可以直接检测，若实验室距现场较远，需把病体或病变器官组织放入有冰块的保温瓶中，快速运往实验室。在实验室提取病毒之前4 ℃贮存或一直放在冰上，最好在标本采集后24 h内进行病毒的提取，如果保持在0～4 ℃在48 h以内也可以。如果贮存在－80～－20℃，可以保存更长时间。

对已发生的疾病进行诊断，建议最少采集100个幼体，50个后期幼体，10个稚体或成体标本。如果临床症状明显，可采集更多的数量。对无症状水产动物进行诊断，所需的采集数量就应该用统计学方法来确定。

病毒株的保存方法：低温冷冻保存、50%磷酸甘油缓冲液保存和真空干燥保存。

2. 细菌标本

一般收集水产动物整体标本，对于个体较大者，无法收集其整体标本时，可无菌操作收集其合适的器官或组织。收集病体时，要严格防止病体标本被污染。因此，当取得病体标本后，应立即送往实验室进行分离。在野外调查的流动条件下或离实验室较远时，可采用冰块法或棉拭子法将病体标本暂时保存。

冰块法：将未死或刚死的病体放入盛有冰块的瓶里，然后送往实验室，并在2 h内进行病原菌分离，如需对病体进行储存，则在4 ℃条件下储存时间最长不超过24 h。

棉拭子法：如果是血液或分泌物等，宜采用棉花团擦抹患病的部位，然后将抹有病患部位含有物的棉拭子送往实验室(图20-1)，耽搁时间不宜太久，因为棉拭子上的含有物容易干涸，细菌也随着死亡。

对于有临床症状的水产动物，应尽量采集具有典型症状的活体或濒临死亡的个体，一般采集20尾(只)，对于外表健康无临床症状的水产动物，原则上每批次采集150尾(只)。

细菌标本的保存方法：培养基保存法、蒸馏水保存法和冷冻真空干燥保存法等，其中以冷冻真空干燥保存法最为理想。

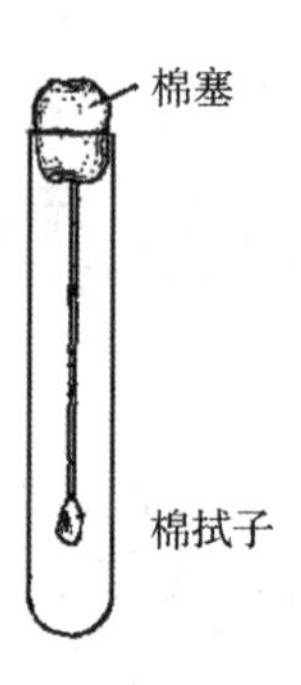

图 20-1　棉拭子收集细菌材料法示意图

（仿《鱼病调查手册》，中国科学院水生生物研究所鱼病学研究室，上海科学技术出版社，1985）

3. 真菌标本

对真菌菌丝体外部形态特征进行目检，初步判断真菌种类。通过实验室培养，鉴定其种类。

(1)水霉

将长有水霉的病体或取下病体上的部分水霉菌丝，用 4%～5%福尔马林保存。若病体较大，可在其腹部开一切口，注射适量的福尔马林溶液入腹腔。

(2)鳃霉

①用盖片涂抹法涂片，用肖氏液固定。

②用 4%～5%的福尔马林溶液将组织保存一部分。

③用葡翁氏液或仁克氏液固定一部分组织作切片之用。

4. 藻类标本

收集卵甲藻等病原标本，基本上同收集寄生原生动物标本的方法相同。

5. 原生动物标本

大多数原生动物在水产动物死后就开始崩解死亡，因此材料处理要迅速。收集同一机体上的原生动物病原标本，最好同时用三种不同的方法，收集三套标本，即涂片法、4%福尔马林溶液保存法和固定切片用的器官或组织。如果材料少，首先应收集涂片标本，但孢子虫类，如果材料比较多，则首先要收集福尔马林溶液的保存标本。

原生动物标本涂片方法有盖片涂抹法、载片涂抹法和干片制备法三种。

(1)盖片涂抹法

盖片涂抹法对所有的原生动物都适用。

盖片涂抹方法是取洁净和擦干的盖玻片，用左手的拇指和食指轻轻捏着盖玻片的边缘，右手用尖细的弯头镊子，取少许含有寄生虫的含物，将镊子弯曲部分与盖玻片约成 45°角相接触，从盖玻片的前边开始作“之”字形向盖玻片的后边涂抹，动作要迅速，不要重复。涂完之后，把盖玻片反转（即涂有含物薄膜的一面向下），放入预先准备好的固定液中，使盖玻片浮在液面，再用另外一把镊子，把浮在液面的盖玻片反转过来（即涂有含物薄膜的一面向上）。在固定液里约经 15～20 min 后，把片子逐步移置到 50%的酒精里，再经 1～2 h，然后移置到 70%的酒精中保存。如果不立即染色，就应把它逐片放入另一玻管里。

(2)载片涂抹法

载片涂抹法是专为涂血液用的。血液涂片除了可用盖片涂抹法外，一般采用载片涂抹

法。血液涂片的制备，一般有薄血涂片和厚血涂片两种。

①薄血涂片(图 20-2)

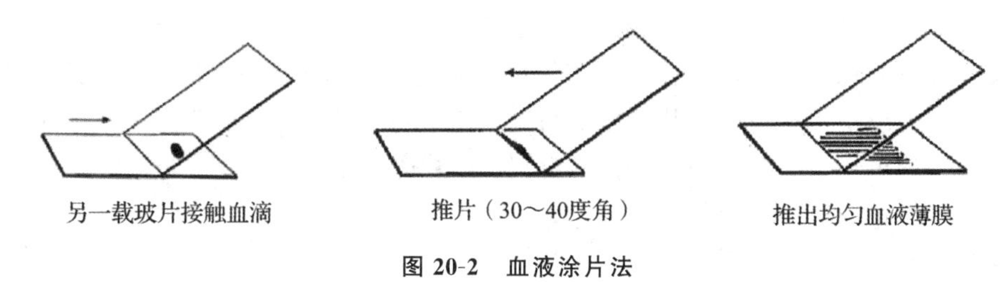

图 20-2　血液涂片法

薄血涂片方法是取一洁净的载玻片，用微吸管吸取一小滴血液(第二滴血)，置于载玻片右 1/4 处；用同样大的另一块载玻片(推玻片)，用右手握着，一端与放有血滴的载玻片上的血滴前面(准备把血滴向前推移的一面)接触，约成 30～40 度角倾斜，血液即沿推玻片下缘散开；然后将血滴向前(向左)轻轻地推移，即涂成薄血片。涂完后，把载有血薄膜的一面朝下，稍为倾斜地静置在空气中晾干，血片干后即可逐片放在标本盒里，以便以后染色观察。最好接着进行染色(不要超过两个月)，放置时间太长，会影响染色效果。

②厚血涂片

厚血涂片方法是将血液滴在载玻片上，在空气中自然晾干即成。但血片不要滴得太厚，否则，由于白细胞以及红细胞碎片等堆积太多，观察时不易辨认出寄生虫。

(3)干片制备法

干片制备法是把有病原体的含有物涂在载玻片上，不通过固定液固定，而是让它在空气中干燥后，再进行适当的染色法染色。此法适用于观察虫体的某一部分结构。这种方法制备的标本，要求寄生虫的某一种结构能表现得特别清楚。例如，斜管虫、小瓜虫、肠袋虫的纤毛线，车轮虫的齿环等结构，用这种方法涂的片子，用硝酸银法染色，都能得到满意的结果。因此，当收集这几类纤毛虫标本时，应该同时考虑用这种方法收集，尤其是收集车轮虫标本时，干片制备的标本不能缺少。

收集原生动物标本，除上面所述带有共同性的方法外，不同的原生动物，有不同的收集方法。

(1)鞭毛虫

①用盖片涂抹法涂片，用荷氏液固定。

②用 4%～5%的福尔马林溶液将组织保存一部分。

③用葡翁氏液固定一部分组织作切片之用。

④血液中锥体虫、隐鞭虫等除用盖片涂抹法涂片外，主要用载片涂抹法涂片。

(2)变形虫

①盖片涂抹法涂片，用肖氏液固定。

②用葡翁氏液固定一部分组织作切片之用。

(3)球虫

①把胞囊取出压破，或取出内含物，用盖片涂抹法涂片，用肖氏液固定。

②用 4%～5%的福尔马林溶液将器官或组织一起保存。

③用葡翁氏液固定一部分组织作切片之用。

(4)黏孢子虫

①把胞囊取出压破,或取内含物,用盖片涂抹法涂片,用肖氏液固定。

②用4%～5%的福尔马林溶液保存孢子或胞囊。

③用甘油胶胨保存孢子。方法是把孢子放在载玻片上的中间位置,尽量不要多带水分,然后用小解剖刀或小镊子取一小块甘油胶胨放在有孢子的位置上面,把载玻片放在酒精灯(亦可用火柴)的火焰上略略加热,待甘油胶胨完全融解,即盖上盖玻片,并轻轻压平,平放在桌面上,干后即可放在标本盒里。

④葡翁氏液固定一部分组织作切片之用。

(5)微孢子虫

除按照收集和固定黏孢子虫的4种方法外,还须把胞囊压破,用载玻片涂抹法涂片,让它在空气中干燥(和用血液载片涂抹法相同)。

(6)肤胞虫

①把胞囊压破,用载玻片涂抹法涂片,让它在空气中干燥。

②用盖片涂抹法涂片,用肖氏液固定。

③用4%～5%的福尔马林溶液连组织保存一部分。

④用葡翁氏液固定一部分组织作切片之用。

(7)纤毛虫

①用盖片涂抹法涂片,用肖氏液固定。

②用4%～5%的福尔马林溶液连组织保存一部分。

③用葡翁氏液固定一部分组织作切片之用。

④用载片涂抹法涂片,让它在空气中干燥,特别是车轮虫,采用此法收集保存。

(8)吸管虫

毛管虫的收集和固定方法与纤毛虫相同。

6. 蠕虫类标本

蠕虫类包括单殖吸虫、复殖吸虫、绦虫、线虫、棘头虫和环节动物等,收集、固定和保存这些标本通常采用如下方法:

(1)单殖吸虫

收集单殖吸虫,应在解剖镜下从鳃上把虫体逐个取下来,因为虫体是黏附在鳃上,先用两根解剖针(最好用竹削成的针),在解剖镜下逐个鳃片找寻,找到后,用针挑出,再用吸管吸出,放在盛有清水的玻皿里。单殖吸虫数量多时,可用薄荷精麻醉后,在解剖镜下取出。若用压缩法检查,也可直接在玻片上挑取。

单殖吸虫可用以下方法固定和保存:

①一般用弗氏胶或甘油胶胨直接封固虫体。

②用聚乙烯醇的乳酸酚混合液封固虫体,但保存时间不能太长。

③指环虫、三代虫等用4%的福尔马林溶液固定,双身虫用70%酒精固定。

④如果来不及逐个把虫体取出,可将整个鳃或鳃片用福尔马林溶液保存。

⑤用葡翁氏液或仁克氏液固定切片用的组织。

(2)复殖吸虫

①成虫和幼虫

从体表、体腔内、组织或器官里找到的复殖吸虫,用细镊子、解剖针或吸管把肉眼可见的种类先取出,然后在放大镜下取出较小的种类。

收集复殖吸虫标本时,首先要很好地把黏附在虫体上的黏液和组织碎片等冲洗干净,否则虫体上的脏东西经固定后,就无法冲去。用吸管冲洗时,要注意防止吸管把虫体带到另一个培养皿中去。

复殖吸虫的成虫和幼虫可用以下方法固定和保存:

复殖吸虫的固定必须使虫体处在伸展状态,因此,固定时可用两块玻片(常用载玻片),将经过洗净的寄生虫,用吸管移到载玻片上。如果是小的吸虫,同一载玻片上可将许多虫体放在一起,用另一载玻片盖上,将虫体压平。为防止将虫体压得太薄,可在两玻片间两端各夹以薄纸片,再用细线在两玻片两端轻轻地捆扎好,放在盛有70%酒精的培养皿或烧杯里,让固定液徐徐透入,这样就可同时固定许多个虫体。待玻片里的虫体内部完全成乳白色,即表示固定液已透入虫体各组织,这时即可把线解开,取下玻片,用酒精把所有的寄生虫都这样固定。如果找到的寄生虫很多,来不及把所有的寄生虫都这样固定,则尽量按照这样的方法固定一部分,其余的可直接保存在70%的酒精或葡翁氏液中。

②胞囊

复殖吸虫的胞囊要小心地从寄主组织中取出,放在预先滴有生理盐水的玻片上,用解剖针把胞囊撕破,或轻压盖玻片,将膜压破,使幼虫脱出。如果幼虫仍在胞囊中不出来,则用吸管注水,将它冲出,然后按上法固定。如果收到的胞囊很多,来不及这样处理,可把它直接用酒精保存起来,或把整个组织保存。

(3)绦虫、棘头虫

收集绦虫、棘头虫标本时,首先必须把虫体从组织或器官中取出。肠道或某些器官里的绦虫、棘头虫,头部往往钻进组织里面,不易脱下来,取出时常会把虫体撕断,因此操作时要特别小心。有时将虫体拉直,再轻轻拉一下,虫体即可从肠黏膜层里自行脱下。如果仍脱不下来,就要用解剖针将虫体所附着的组织撕破,再以吸管用力喷水,把虫的头部冲出,或浸在生理盐水或自来水里刺激虫体,让头部脱出,然后用镊子轻轻取下。

绦虫、棘头虫可用以下方法固定和保存:

①整体固定

绦虫的固定也必须使虫体处在伸展状态,因此,在固定前可把虫体放在水里一些时候,待虫体充分伸展时,再用固定复殖吸虫的方法,把虫体压在两块玻片里。但绦虫身体往往很长,因此在未压时,要把虫体尽量摆好,使它保持自然状态,压好后,注入70%的酒精,其余步骤都和固定复殖吸虫相同。固定好的虫体,应保存在70%的酒精里。

棘头虫的固定方法也与复殖吸虫相同,但要使吻部压出,使吻部伸出的方法,通常是将虫体浸在蒸馏水中若干时间,用针刺激而无反应时,即可固定。

②头节与节片固定

取绦虫的头部1~2节,并在体前部和体后部各取下1~2个节片,用上法进行固定。

(4)线虫

将收集的线虫放在盛有生理盐水的玻管中,将管适当地摇动,使虫体上的污物洗净后再行固定。

线虫可用以下方法固定和保存：

①热酒精固定

通常用70%酒精，置于烧杯里加热至酒精沸腾，温度约为60～70 ℃时，停止加温，然后将洗净的线虫用竹针逐条地挑入热酒精中，线虫加热后就会伸直。如果是较小的线虫，就用微吸管吸取线虫滴入热酒精里，待充分冷却后，再将线虫放入5%或10%甘油酒精中保存。

②热巴氏液固定

将巴氏液加温至60～70 ℃时，以上述方法把线虫移入热的巴氏液中固定。待冷却后，保存在冷的巴氏液里。

③冷巴氏液固定

有些成熟的线虫，如嗜子宫线虫，棍形线虫，体壁很容易破裂，可直接放在冷的巴氏液中固定和保存。

(5)蛭类

收集保存的标本应是适当伸展而且不发生扭曲的虫体，因此，在固定之前，首先要进行麻醉，然后固定。

①麻醉方法

取一玻璃指管或玻璃瓶，加入乙醚麻醉液(4份乙醚，96份水)，然后将活虫投入，盖紧瓶盖，用力摇动3～5 min，使虫体充分伸展(2～5 h)。

②固定和保存方法

取出已充分伸展的虫体，并用手指刮去体表黏液，使虫体伸直而平铺在培养皿或搪瓷盘中，缓慢地加入固定剂。固定剂可根据不同的要求，分别采用葡翁氏液、4%～5%福尔马林溶液。用葡翁氏液固定后，还需移至70%酒精中保存。

7. 甲壳动物和软体动物幼虫标本

(1)甲壳动物

收集寄生在肌肉组织中的甲壳动物标本时，不能夹住虫体的身体用力拉，这样往往容易把虫体拉断，头部仍留在肌肉内，应该用针挑开虫体寄生部位的周围组织，然后轻轻将整个虫体取出。

收集鼻腔内的甲壳动物时，先准备好盛有干净水的培养皿，将水产动物的头部朝下对准培养皿，然后用吸管插入鼻腔，用力喷水冲洗，冲洗的水流至培养皿内。反复冲洗多次后，再在解剖镜下检查。

甲壳动物可用以下方法固定和保存：

①用70%酒精或3%～4%的福尔马林溶液固定，再用70%酒精保存。

②用葡翁氏液固定切片用的组织。

(2)软体动物幼虫

收集到的软体动物幼虫，可用70%酒精固定和保存。

20.3.2 病原标本的包装

收集到的病原标本必须妥善包装，以便携带。

1. 原生动物

①盖片涂片保存的标本

预先准备好几个口径约 2.5～3 cm，高约 100 cm 的平底玻管以及和玻管口径相同的纸圈（数量按需而定）。做纸圈需用比较厚的纸（书面纸或重磅道林纸），裁成中空的圆纸圈，另外用白的道林纸剪些同纸圈一样大小的圆纸片，作为标签之用。

把准备好的平底玻管，装入适量的 70%的酒精，先放入一个纸圈，把经过固定和 50%酒精处理的盖片涂片，用镊子从培养皿里逐片取出，放入管内。使涂有标本的一面向上，每放入一片，接着放一个纸圈，这样逐片用纸圈将盖玻片隔开，直至放完同一批涂片，而后用白的圆纸片做标签，把水产动物的编号、寄生虫名称、发现寄生虫的器官、固定方法、日期、地点，以及同一批涂的片子有多少片等写在上面，并记上一个号码（例如：同一批涂的片子共有 4 片，则写“1－4”的记号），把写好的标签，放入该批最后一张片子的纸圈上面。以后每一批的涂片，都用同样的方法放入玻管里。玻管的外面贴上一个标签，记明原生动物名称和地点（图 20-3）。

图 20-3　盖片涂片标本保存法

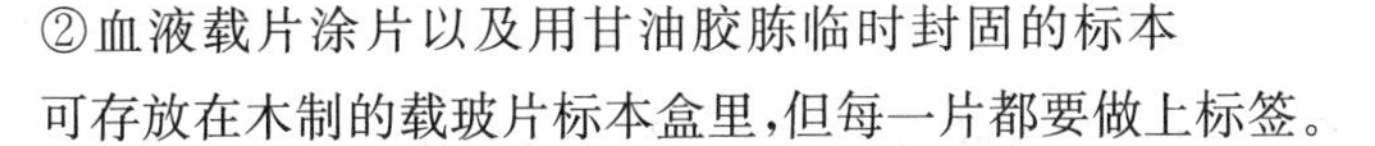

②血液载片涂片以及用甘油胶胨临时封固的标本

可存放在木制的载玻片标本盒里，但每一片都要做上标签。

③瓶装的组织和用福尔马林溶液保存的标本

通常保存在口径约 1～1.2 cm，高约 6 cm 的软木塞指管，或容量 30 mL 的胶木盖指管，或封闭严密的平底玻瓶里。收集到的许多瓶装标本，可集中装入另一个大的木盒子里。

2. 蠕虫、甲壳动物等

①甘油胶胨或其他方法保存在载玻片上的标本

可每片贴上标签，放入木制的载玻片标本盒里。

②福尔马林溶液或酒精保存的标本

通常保存在口径约 1～1.2 cm，高约 5 cm 的小指管里，用棉花紧塞瓶口，酒精与棉球间勿留空隙，然后将收集到的许多小指管瓶装标本，逐瓶装入另一个大的盛有 70%酒精的广口瓶里，指管有字的一面要向外。如果广口瓶长度适宜，还可装 2～3 层，每层之间要塞些棉花，以免碰撞。广口瓶里放进一条总标签，写上寄生虫的类群、采集地点和日期等。用同一保存液保存的指管标本要放在同一广口瓶里，广口瓶里的保存液也要和每一标本管的保存液相同。装好后，把瓶塞紧密地盖好，然后用石蜡封口（图 20-4）。

图 20-4　保存装有寄生虫标本指管的试剂瓶

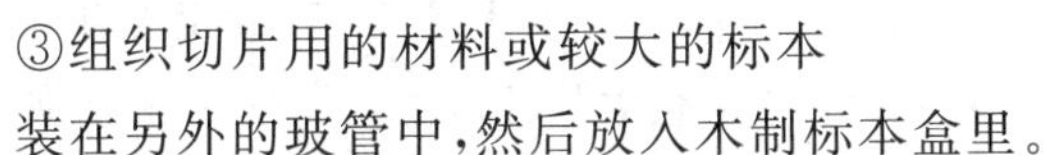

③组织切片用的材料或较大的标本

装在另外的玻管中，然后放入木制标本盒里。

20.3.3 寄生虫标本的染色与玻片标本的制作

1. 血液涂片的染色与玻片标本的制作

(1)固定

把已制作好、晾干的血液涂片,放在甲醇里固定3～5 min,取出晾干。

(2)稀释染色液

染色前,先将吉姆萨染色液用中性或新蒸馏的蒸馏水稀释,10 mL蒸馏水加姬姆萨母液10～12滴。

(3)染色

把稀释后的染色液用滴管滴在血液涂片上,使染液厚约1 mm,静置15～20 min。

(4)水洗

用洗瓶轻轻冲洗,或在自来水龙头上挂条线,使水顺线慢慢地流下来,冲洗2～3次。

(5)晾干

晾干后就可用高倍镜或油镜观察。

(6)封片

涂片完全干燥后,可用中性树胶或浓香柏油封藏保存,不能用一般树胶,以防褪色。

2. 原生动物涂片的染色与玻片标本的制作

(1)水化

把保存在70%酒精里的原生动物涂片水化,即从70%酒精移至→50%酒精→30%酒精→10%酒精→蒸馏水,每一阶段需5～6 min。

(2)媒染

把涂片放进2%～4%的铁明矾溶液中媒染,媒染的时间视原生动物的种类而异,纤毛虫要2～4 h,鞭毛虫或黏孢子虫要6～10 h。

(3)水洗

媒染以后,涂片用蒸馏水洗2次,每次4～5 min。

(4)染色

然后放进海氏苏木精溶液中染色,纤毛虫约2～4 h,鞭毛虫6～10 h或放过夜。

(5)水洗

取出后用蒸馏水冲洗黏附在玻片上的染料。

(6)褪色

再放入1%～2%(鞭毛虫)或2%～3%(纤毛虫)的磷钨酸溶液中褪色,约6～8 h,再用显微镜检查是否已退到合适的程度。检查时片子涂面向上,染色和褪色都合适时,原生动物的核呈紫蓝色,细胞质为浅灰蓝色,鞭毛和纤毛及其他的细胞结构都看得见,但注意不要使片子干燥。

(7)水洗

取出片子,涂面向上,放入盛有自来水的培养皿中,置于自来水龙头下,靠水龙头上系的线绳,引水到培养皿中,冲洗0.5 h。若无自来水,可用普通水换十来次,约洗2 h,务使磷钨酸残余去净,然后放入酒精中脱水。

(8)脱水、透明

脱水具体操作方法是将冲洗好的片子，用蒸馏水洗 1 次，然后将片子按如下顺序转移：蒸馏水→10%酒精→30%酒精→50%酒精→70%酒精→80%酒精→90%酒精→95%酒精→100%酒精→1/2 100%酒精+1/2 二甲苯→二甲苯。在每一阶段停留 5 min，但在 95%酒精、无水酒精和二甲苯中时间要稍长些，约 10 min。

(9)封片

将已透明的涂片面向下，放在滴有加拿大树胶的清洁载玻片上，封固，并贴上标鉴。

3. 吸虫、绦虫、棘头虫的整体染色与玻片标本的制作

(1)如用葡翁氏液固定的，在染色前，要把保存在 70%酒精里的标本上的黄色固定液除去。方法是在 70%酒精里加少量碳酸锂粉末，或加一滴铵水酒精，待寄生虫的虫体完全变成白色为止。

(2)水化

接着进行水化，从 70%酒精→50%酒精→30%酒精→10%酒精→蒸馏水。每一阶段约 10～15 min。

(3)染色

然后用硼砂洋红或海氏苏木精染色，即将蒸馏水洗过的虫体放进染色液中，1～3 h。

(4)水洗、褪色

水洗，如颜色太深，可放在酸酒精中褪色。褪色过程中，要时常在放大镜下观察，当虫体的体壁呈肉红色，内部器官为深浅不一的红色(硼砂洋红染色)，或虫体体壁为浅灰蓝色，内部器官紫蓝色时(海氏苏木精染色)就可以。

(5)水洗

褪色好的标本用自来水慢慢冲洗，至少 1 h(或多次换水)。

(6)脱水、透明

从 10%酒精→30%酒精→50%酒精→70%酒精→80%酒精→90%酒精→95%酒精→100%酒精→1/2 100%酒精+1/2 二甲苯→二甲苯，每阶段需停留 10～15 min。在 95%酒精和无水酒精两个阶段中，都必须更换一次酒精，时间也要延长一些。标本愈大，每一脱水阶段停留的时间也要越长，从 1/2 100%酒精+1/2 二甲苯升至纯二甲苯中，使它透明为止。

(7)封片

虫体透明后用镊子夹取大型寄生虫或用吸管吸取小型寄生虫(勿带二甲苯)，放在已滴有加拿大树胶的载玻片上，把标本放在放大镜下用针拨正，盖上盖玻片即可。

4. 几种不需要染色的寄生虫处理方法

(1)孢子虫

孢子虫可用悬滴法观察。方法是将新鲜黏孢子虫的胞囊放在干净的盖玻片上，加一滴水，将胞囊弄破，在它的上面盖上一块较小的盖片，用吸水纸将多余水分吸去，然后把盖片翻转，使小盖片朝下，放在单凹载玻片的凹面上，即可在油镜下观察，3～5 d 内不至干掉。

孢子虫也可用甘油胶胨法观察。甘油胶胨法是将胞囊或孢子置于载玻片中央(少带水分)，捣破胞囊，用小解剖刀或小镊子取小块甘油胶胨放在孢子的上面，在载片下用酒精灯火焰略加热，待甘油胶胨熔化，盖上盖玻片，轻轻压平，平放在桌上，凝固后放入标本盒内。

孢子虫还可用甘油酒精法观察(详见纤毛虫标本处理)。

(2)纤毛虫

纤毛虫可用甘油酒精法观察。甘油酒精法是将已固定在5%福尔马林中的纤毛虫取出,先放入10%甘油酒精中,观察时,吸出若干标本放在载玻片上,盖上盖玻片,让酒精逐步挥发,甘油逐步变浓,约经24 h,虫体变成透明。此时观察虫体的纤毛系统,胞口、胞咽等结构都很清晰,而且可以轻微的翻动。

(3)甲壳类、单殖类、棘头虫

凡具有几丁质外壳或钩、刺的寄生虫,用聚乙烯醇的乳酸酚混合液封固,既简便又看得清楚。但只能观察几丁质结构和钩、刺等,其他组织都变为透明。

方法是将已固定在酒精、福尔马林溶液中的标本取出,放在载玻片上,用吸水纸将水分吸干,滴上适量的聚乙烯醇乳酸酚混合液于虫体上,在解剖镜下用竹针把虫体拨正,盖上盖玻片即可。如标本比较大而厚,可在盖玻片四角各垫上1～2块碎的盖玻片,但不宜长期保存。棘头虫的结构,也可用甘油酒精透明观察。

(4)线虫

将标本从巴氏液或70%酒精里取出,放入10%甘油酒精中,然后逐步上升至20%甘油酒精→40%甘油酒精→60%甘油酒精→80%甘油酒精→100%甘油,虫体即透明。每一阶段约停留6～12 h,待虫体透明后,即可在显微镜下观察。

线虫的头部和尾部通常用甘油胶胨封固,可观察顶面或腹面之用。方法是将配好的甘油胶胨连瓶浸在热水里,使溶化成液体,然后用吸管吸一滴在载玻片的标本上,用针拨正后,趁没冷却迅速盖上盖玻片。也可挖取一小块凝固的甘油胶胨放在标本的边缘上,在载片下略一加热,待熔化后立即盖上盖玻片。

一般用巴氏液保存的小型线虫,可直接在显微镜下观察,如果内部结构不透明时,再用上述方法处理。

20.4 注意事项

1. 甲壳动物往往用附肢寄生于组织上或将头部埋入组织中,故分离标本时要格外小心,不要弄断虫体。标本固定前要充分洗涤干净,特别是虫体前部。

2. 制作血液涂片时,载玻片与推玻片的角度越小、血液涂片越薄;推玻片推力要均匀,并保持一定速度,过慢,涂片较厚;不能在同一张片子上涂第二次。

3. 海氏苏木精法染色所用的时间与染液的浓度、气温等有关,应灵活掌握;脱水和封固尽可能在晴天进行;涂片从无水酒精转移到二甲苯时,出现乳白色液,表明脱水不彻底,要换新的无水酒精,同时按脱水步骤重新将片子脱水;在封片过程中,动作要快。

4. 有些构造经过甘油处理后仍不够清晰的线虫标本,可用聚乙烯醇乳酸酚混合液处理。

5. 寄生虫的整体染色可放在小的染色皿中进行,如结晶染色碟、悬滴培养皿、染色皿等。但每次更换酒精或染色时,注意不要把标本吸掉或倒掉。

20.5　要求

1. 用盖片涂抹法收集原生动物涂片标本，并用海氏苏木精法制作三片原生动物染色标本。
2. 用载片涂抹法收集血液涂片标本，并制作三片血液涂片染色标本。
3. 制作三片吸虫的整体染色标本。

20.6　考核

20.6.1　过程评价要点及标准

1. 预习：实训前应根据教材认真预习，写出简要的预习报告。
2. 操作：规范操作，认真完成实训步骤的所有内容。
3. 记录：认真观察，如实、准确记录实训结果。
4. 整理：整理好实训器材，并放回原处。

20.6.2　终结评价要点及标准

1. 掌握水产动物病原标本的收集、固定、保存方法，掌握水产动物病原标本的染色与玻片标本的制作方法，并在规定时间内完成本实训所有内容。
2. 认真撰写实训报告，格式与字迹规范。
3. 实训报告内容包含以下部分：目标、实训材料与方法、步骤、要求。

20.7　思考题

1. 如何收集病毒和细菌标本？
2. 如何收集、保存真菌标本？
3. 如何收集、保存和固定原生动物标本？
4. 如何收集、保存和固定蠕虫类标本？
5. 如何收集、保存和固定甲壳动物标本？
6. 简述血液涂片标本的染色方法？
7. 简述原生动物涂片标本的染色方法？
8. 简述吸虫、绦虫、棘头虫标本的整体染色方法？

模块四

水产动物疾病综合实训

实训二十一

人工回归感染试验

21.1　目标

1. 熟悉副乳房链球菌的形态特征及培养特点。
2. 了解副乳房链球菌所致鱼病的基本特性及症状。
3. 熟练掌握鱼类病原菌分离与鉴定的基本方法。

21.2　实训材料与方法

21.2.1　材料

罗非鱼、副乳房链球菌株纯培养物、脑心浸液培养基、琼脂。

21.2.2　药品

无菌蒸馏水、无菌生理盐水、革兰氏染色试剂盒。

21.2.3　用具

水族箱、气泵、控温仪、温度计、捞网、一次性注射器、酒精棉球、解剖刀、剪刀、镊子、纱布、解剖盘、玻片、灭菌试管、光学显微镜。

21.2.4　原理

人工回归感染试验是通过模拟自然环境中病原菌对鱼类的感染过程，人为地将分离到的已知病原菌接种到健康鱼体内，观察并记录鱼在感染后的症状、病理变化及死亡率等，从而验证该病原菌的致病性、感染途径及致病机制。这一方法对于鱼类疾病的预防、诊断和治疗具有重要意义。

21.2.5 方法

1. 病原菌的获取与鉴定

来源:病原菌可以来源于患病鱼类的各病灶部位。

鉴定:通过细菌分离培养、PCR扩增、测序及同源性比对等方法,确定病原菌的种类和特性。

2. 试验鱼的准备

选择健康、无病的试验鱼,确保其在试验前未接触过试验所用的病原菌。依试验需要,将试验鱼分组并暂养于适宜的环境中,观察其健康状况,确保无异常。

3. 感染途径与剂量

根据病原菌的自然感染途径,选择合适的感染方式(如口服、浸泡、注射等)。确定合适的感染剂量,一般需要通过预试验来确定最佳剂量范围。

4. 感染操作

使用灭菌的生理盐水或缓冲液稀释病原菌,制成一定浓度的菌悬液,通过注射、浸泡等方式将菌悬液接种到试验鱼体内,避免交叉污染。

5. 观察与记录

在感染后的不同时间点,观察并记录试验鱼的活动情况、病理变化、死亡率等。并对死亡或濒死的试验鱼进行解剖,观察其内脏器官的病变情况。

6. 病原菌的再次分离与鉴定

从感染发病或死亡的试验鱼体内重新分离病原菌,并进行鉴定。确认分离到的病原菌与接种的病原菌一致,以验证试验结果的可靠性。

21.3 步骤

21.3.1 试验鱼分组暂养

选择健康、规格一致的罗非鱼随机分为若干组,每组15尾鱼。暂养于水族箱中,控制养殖水体的水温(28℃)、pH值和氨氮等水质指标。

21.3.2 病原菌悬液制备

使用无菌生理盐水将副乳房链球菌培养物洗涤并稀释制备成不同浓度的菌悬液(1.5×10^6、1.5×10^7、1.5×10^8和1.5×10^9 CFU/mL)。

21.3.3 人工感染

利用无菌注射器对试验鱼进行腹腔注射(针尖斜向鱼的头部,与鱼体成30°左右的角度

插入腹鳍基部无鳞处)，每尾鱼注射 0.1 mL 的不同浓度的菌悬液，对照组注射等体积的无菌生理盐水。

21.3.4　记录与观察

每 24 h 观察并记录试验鱼的活动情况、发病症状和死亡情况。重点观察鱼类的游动状态、体表变化、内脏器官病变等。连续观察 7～14d。

21.3.5　病原再分离与鉴定

从病鱼或死亡的试验鱼中再次分离病原菌(具体操作参考实训九)，并进行鉴定(具体操作参考实训十)和确认。

21.4　注意事项

1. 在整个试验过程中，应严格遵守无菌操作规范，避免交叉感染。
2. 确保试验环境的一致性和稳定性，以排除其他因素的干扰。
3. 试验结束后，应妥善处理试验废弃物，防止病原体扩散和环境污染。

21.5　要求

1. 观察感染后试验鱼的活动情况、发病症状和死亡情况，并做好记录。
2. 结合背景知识和相关文献，对试验结果进行讨论。
3. 分析试验中的不足和可能的误差来源，提出改进建议。

21.6　考核

21.6.1　过程评价要点及标准

1. 预习：实训前应根据教材认真预习，写出简要的预习报告。
2. 操作：规范操作，认真完成实训步骤的所有内容。
3. 记录：认真观察，如实、准确记录实训结果。
4. 整理：整理好实训器材，并放回原处。

21.6.2 终结评价要点及标准

1. 掌握致病菌的分离培养方法,并在规定时间内完成本实训所有内容。
2. 认真撰写实训报告,格式与字迹规范。
3. 实训报告内容包含以下部分:目标、实训材料与方法、步骤、要求。

21.7 思考题

如何验证试验鱼上分离到的病原菌与接种的病原菌是否一致?

附录一 试液

《中华人民共和国药典》(第二部,2005年版)

一氮化碘试液 取碘化钾0.14 g与碘酸钾90 mg,加水125 mL使溶解,再加盐酸125 mL,即得。本液应置玻璃瓶内,密闭,在凉处保存。

N-乙酰-L-酪氨酸乙酯试液 取N-乙酰-L-酪氨酸乙酯24.0 mg,加乙醇0.2 mL使溶解,加磷酸盐缓冲液(取0.067 mol/L磷酸二氢钾溶液38.9 mL与0.067 mol/L磷酸氢二钠溶液61.6 mL,混合,pH值为7.0)2 mL,加指示液(取等量的0.1%甲基红的乙醇溶液与0.05%亚甲蓝的乙醇溶液,混匀)1 mL,用水稀释至10 mL,即得。

乙醇制对二甲氨基苯甲醛试液 取对二甲氨基苯甲醛1 g加乙醇9.0 mL与盐酸2.3 mL使溶解,再加乙醇至100 mL,即得。

乙醇制氢氧化钾试液 可取用乙醇制氢氧化钾滴定液(0.5 mol/L)。

乙醇制氨试液 取无水乙醇,加浓氨溶液使每100 mL中含NH_3 9～11 g,即得。本液应置橡皮塞瓶中保存。

乙醇制硝酸银试液 取硝酸银4 g,加水10 mL溶解后,加乙醇使成100 mL,即得。

乙醇制溴化汞试液 取溴化汞2.5 g,加乙醇50 mL,微热使溶解,即得。本液应置玻璃塞瓶内,在暗处保存。

二乙基二硫代氨基甲酸钠试液 取二乙基二硫代氨基甲酸钠0.1 g,加水100 mL溶解后,滤过,即得。

二乙基二硫代氨基甲酸银试液 取二乙基二硫代氨基甲酸银0.25 g,加三氯甲烷适量与三乙胺1.8 mL,加三氯甲烷至100 mL,搅拌使溶解,放置过夜,用脱脂棉滤过,即得。本液应置棕色玻璃瓶内,密塞,置阴凉处保存。

二苯胺试液 取二苯胺1 g,加硫酸100 mL使溶解,即得。

二氨基萘试液 取2,3-二氨基萘0.1 g与盐酸羟胺0.5 g,加0.1 mol/L盐酸溶液100 mL,必要时加热使溶解,放冷滤过,即得。本液应临用新配,避光保存。

二硝基苯试液 取间二硝基苯2 g,加乙醇使溶解成100 mL,即得。

二硝基苯甲酸试液 取3,5-二硝基苯甲酸1 g,加乙醇使溶解成100 mL,即得。

二硝基苯肼试液 取2-二硝基苯肼1.5 g,加硫酸溶液(1→2)20 mL,溶解后,加水使成100 mL,滤过,即得。

稀二硝基苯肼试液 取2,4-二硝基苯肼0.15 g,加含硫酸0.15 mL的无醛乙醇100 mL使溶解,即得。

氯化汞试液 取氯化汞6.5 g,加水使溶解成100 mL,即得。

二氯靛酚钠试液 取2,6-二氯靛酚钠0.1 g,加水100 mL溶解后,滤过,即得。

丁二酮肟试液 取丁二酮肟1 g,加乙醇100 mL使溶解,即得。

三硝基苯酚试液 本液为三硝基苯酚的饱和水溶液。

三硝基苯酚锂试液 取碳酸锂0.25 g与三硝基苯酚0.5 g,加沸水80 mL使溶解,放冷，加水使成 100 mL，即得。

三氯化铁试液　取三氯化铁 9 g，加水使溶解成 100 mL，即得。

三氯醋酸试液　取三氯醋酸 6 g，加三氯甲烷 25 mL 溶解后，加 30%过氧化氢溶液 0.5 mL，摇匀，即得。

五氧化二钒试液　取五氧化二钒适量，加磷酸激烈振摇 2 h 后得其饱和溶液，用垂熔玻璃漏斗滤过，取滤液 1 份加水 3 份，混匀，即得。

水合氯醛试液　取水合氯醛 50 g，加水 15 mL 与甘油 10 mL 使溶解，即得。

水杨酸铁试液

(1)取硫酸铁铵 0.1 g，加稀硫酸 2 mL 与水适量使成 100 mL。

(2)取水杨酸钠 1.15 g，加水使溶解成 100 mL。

(3)取醋酸钠 13.6 g，加水使溶解成 100 mL。

(4)取上述硫酸铁铵溶液 1 mL，水杨酸钠溶液 0.5 mL，醋酸钠溶液 0.8 mL 与稀醋酸 0.2 mL，临用前混合，加水使成 5 mL，摇匀，即得。

甘油醋酸试液　取甘油、50%醋酸与水各 1 份，混合，即得。

甲醛试液　可取用“甲醛溶液”。

甲醛硫酸试液　取硫酸 1 mL，滴加甲醛试液 1 滴，摇匀，即得。本液应临用新制。

对二甲氨基苯甲醛试液　取对二甲氨基苯甲醛 0.125 g，加无氮硫酸 65 mL 与水 35 mL 的冷混合液溶解后，加三氯化铁试液 0.05 mL，摇匀，即得。本液配制后在 7 d 内使用。

对甲苯磺酰-L-精氨酸甲酯盐酸盐试液　取对甲苯磺酰-精氨酸甲酯盐酸盐 98.5 mg，加三羟甲基氨基甲烷缓冲液(pH8.1)5 mL 使溶解，加指示液(取等量 0.1%甲基红的乙醇溶液与 0.05%亚甲蓝的乙醇溶液，混匀)0.25 mL，用水稀释至 25 mL。

对氨基苯磺酸-α-萘胺试液　取无水对氨基苯磺酸 0.5 g，加醋酸 150 mL 溶解后，另取盐酸-α-萘胺 0.1 g，加醋酸 150 mL 使溶解，将两液混合，即得。本液久置显粉红色，用时可加锌粉脱色。

对羟基联苯试液　取对羟基联苯 1.5 g，加 5%氢氧化钠溶液 10 mL 与水少量溶解后，再加水稀释至 100 mL。本液贮存于棕色瓶中，可保存数月。

亚铁氰化钾试液　取亚铁氰化钾 1 g，加水 10 mL 使溶解，即得。本液应临用新制。

亚硫酸氢钠试液　取亚硫酸氢钠 10 g，加水使溶解成 30 mL，即得。本液应临用新制。

亚硫酸钠试液　取无水亚硫酸钠 20 g，加水 100 mL 使溶解，即得。本液应临用新制。

亚硝基铁氰化钠试液　取亚硝基铁氰化钠 1 g，加水使溶解成 20 mL，即得。本液应临用新制。

亚硝基铁氰化钠乙醛试液　取 1%亚硝基铁氰化钠溶液 10 mL，加乙醛 1 mL，混匀，即得。

亚硝酸钠试液　取亚硝酸钠 1 g，加水使溶解成 100 mL，即得。

亚硝酸钴钠试液　取亚硝酸钴钠 10 g，加水使溶解成 50 mL，滤过，即得。

血红蛋白试液　取牛血红蛋白 1 g，加盐酸溶液(取 1 mol/L 盐酸溶液 65 mL，加水至 1 000 mL)使溶解成 100 mL，即得。本液置冰箱中保存，2 d 内使用。

过氧化氢试液　取浓过氧化氢溶液(30%)，加水稀释成 3%的溶液，即得。

次氯酸钠试液　取含氯石灰 20 g，缓缓加水 100 mL，研磨成均匀的混悬液后，加 14%碳酸钠溶液 100 mL，随加随搅拌，用湿滤纸滤过，分取滤液 5 mL，加碳酸钠试液数滴，如显浑浊，再加适量的碳酸钠溶液使石灰完全沉淀，滤过，即得。含 NaClO 应不少于 4%。本液应置棕色瓶内，在暗处保存。

次溴酸钠试液 取氢氧化钠 20 g，加水 75 mL 溶解后，加溴 5 mL，再加水稀释至 100 mL，即得。本液应临用新制。

异烟肼试液 取异烟肼 0.25 g，加盐酸 0.31 mL，加甲醇或无水乙醇使溶解成 500 mL，即得。

多硫化铵试液 取硫化铵试液，加硫黄使饱和，即得。

邻苯二醛试液 取邻苯二醛 1.0 g，加甲醇 5 mL 与 0.4 mol/L 硼酸溶液（用 45%氢氧化钠溶液调节 pH 值至 10.4）95 mL，振摇使邻苯二醛溶解，加硫乙醇酸 2 mL，用 45%氢氧化钠溶液调节 pH 值至 10.4。

含碘酒石酸铜试液 取硫酸铜 7.5 g、酒石酸钾钠 25 g、无水碳酸钠 25 g、碳酸氢钠 20 g 与碘化钾 5 g，依次溶于 800 mL 水中；另取碘酸钾 0.535 g，加水适量溶解后，缓缓加人上述溶液中，再加水使成 1 000 mL，即得。

间苯二酚试液 取间苯二酚 1 g，加盐酸使溶解成 100 mL，即得。

间苯三酚试液 取间苯三酚 0.5 g，加乙醇使溶解成 25 mL，即得。本液应置玻璃塞瓶内，在暗处保存。

苯酚二磺酸试液 取新蒸馏的苯酚 3 g，加硫酸 20 mL，置水浴上加热 6 h，趁其尚未凝固时倾入玻璃塞瓶内，即得。用时可置水浴上微热使融化。

茚三酮试液 取茚三酮 2 g，加乙醇使溶解成 100 mL，即得。

呫吨氢醇甲醇试液 可取用 85%呫吨氢醇的甲醇溶液。

钒酸铵试液 取钒酸铵 0.25 g，加水使溶解成 100 mL，即得。

变色酸试液 取变色酸钠 50 mg，加硫酸与水的冷混合液（9：4）100 mL 使溶解，即得。本液应临用新制。

茜素氟蓝试液 取茜素氟蓝 0.19 g，加氢氧化钠溶液（1.2→100）12.5 mL，加水 800 mL 与醋酸钠结晶 0.25 g，用稀盐酸调节 pH 值约为 5.4，用水稀释至 1 000 mL，摇匀，即得。

茜素锆试液 取硝酸锆加水 5 mL 与盐酸 1 mL；另取茜素磺酸钠 1 mg，加水 5 mL，将两液混合，即得。

草酸试液 取草酸 6.3 g，加水使溶解成 100 mL，即得。

草酸铵试液 取草酸铵 3.5 g，加水使溶解成 100 mL，即得。

枸橼酸醋酐试液 取枸橼酸 2 g，加醋酐 100 mL 使溶解，即得。

品红亚硫酸试液 取碱性品红 0.2 g，加热水 100 mL 溶解后，放冷，加亚硫酸钠溶液（1→10）20 mL、盐酸 2 mL，用水稀释至 200 mL，加活性炭 0.1 g，搅拌并迅速滤过，放置 1 h 以上，即得。本液应临用新制。

品红焦性没食子酸试液 取碱性品红 0.1 g，加新沸的热水 50 mL 溶解后，冷却，加亚硫酸氢钠的饱和溶液 2 mL，放置 3 h 后，加盐酸 0.9 mL，放置过夜，加焦性没食子酸 0.1 g，振摇使溶解，加水稀释至 100 mL，即得。

氢氧化四甲基铵试液 取 10%氢氧化四甲基铵溶液 1 mL，加无水乙醇使成 10 mL，即得。

氢氧化钙试液 取氢氧化钙 3 g，置玻璃瓶内，加水 1 000 mL，密塞，时时猛力振摇，放置 1 h,即得。用时倾取上清液。

氢氧化钠试液 取氢氧化钠 4.3 g,加水使溶解成 100 mL,即得。

氢氧化钡试液 取氢氧化钡,加新沸过的冷水使成饱和的溶液,即得。本液应临用新制。

氢氧化钾试液 取氢氧化钾 6.5 g,加水使溶解成 100 mL,即得。

氟化钠试液 取氟化钠 0.5 g,加 0.1 mol/L 盐酸溶液使溶解成 100 mL,即得。本液应临用新制。

香草醛试液 取香草醛 0.1 g,加盐酸 10 mL 使溶解,即得。

重铬酸钾试液 取重铬酸钾 7.5 g,加水使溶解成 100 mL,即得。

重氮二硝基苯胺试液 取 2,4-二硝基苯胺 50 mg,加盐酸 1.5 mL 溶解后,加水 1.5 mL,置冰浴中冷却,滴加 10%亚硝酸钠溶液 5 mL,随加随振摇,即得。

重氮对硝基苯胺试液 取对硝基苯胺 0.4 g,加稀盐酸 20 mL 与水 40 mL 使溶解,冷却至 15 ℃,缓缓加人 10%亚硝酸钠溶液,至取溶液 1 滴能使碘化钾淀粉试纸变为蓝色,即得。本液应临用新制。

重氮苯磺酸试液 取对氨基苯磺酸 1.57 g,加水 80 mL 与稀盐酸 10 mL,在水浴上加热溶解后,放冷至 15 ℃,缓缓加入亚硝酸钠溶液(1→10)6.5 mL,随加随搅拌,再加水稀释至 100 mL,即得。本液应临用新制。

盐酸羟胺乙醇试液 取盐酸羟胺溶液(34.8→100)1 份,醋酸钠-氢氧化钠试液 1 份和乙醇 4 份,混合。

盐酸羟胺试液 取盐酸羟胺 3.5 g,加 60%乙醇使溶解成 100 mL,即得。

盐酸羟胺醋酸钠试液 取盐酸羟胺与无水醋酸钠各 0.2 g,加甲醇 100 mL,即得。本液应临用新制。

盐酸氨基脲试液 取盐酸氨基脲 2.5 g 与醋酸钠 3.3 g,研磨均匀,用甲醇 30 mL 转移至锥形瓶中,在 4℃以下放置 30 min,滤过,滤液加甲醇使成 100 mL,即得。

钼硫酸试液 取钼酸铵 0.1 g,加硫酸 10 mL 使溶解,即得。

钼酸铵试液 取钼酸铵 10 g,加水使溶解成 100 mL,即得。

钼酸铵硫酸试液 取钼酸铵 2.5 g,加硫酸 15 mL,加水使溶解成 100 mL,即得。本液配制后两周内使用。

铁氨氰化钠试液 取铁氨氰化钠 1 g,加水使溶解成 100 mL,即得。

铁氰化钾试液 取铁氰化钾 1 g,加水 10 mL 使溶解,即得。本液应临用新制。

稀铁氰化钾试液 取 1%铁氰化钾溶液 10 mL,加 5%三氯化铁溶液 0.5 mL 与水 40 mL,摇匀,即得。

氨试液 取浓氨溶液 400 mL,加水使成 1 000 mL,即得。

浓氨试液 可取浓氨溶液应用。

氨制硝酸银试液 取硝酸银 1 g,加水 20 mL 溶解后,滴加氨试液,随加随搅拌,至初起的沉淀将近全溶,滤过,即得。本液应置棕色瓶内,在暗处保存。

氨制硝酸镍试液 取硝酸镍 2.9 g,加水 100 mL 使溶解,再加氨试液 40 mL,振摇,滤过,即得。

氨制氯化铵试液 取浓氨试液,加等量的水稀释后,加氯化铵使饱和,即得。

氨制氯化铜试液 取氯化铜 22.5 g,加水 200 mL 溶解后,加浓氨试液 100 mL,摇匀,即得。

1-氨基-2-萘酚-4-磺酸试液 取无水亚硫酸钠 5 g、亚硫酸氢钠 94.3 g 与 1-氨基-2-萘酚-4-磺酸 0.7 g,充分混匀;临用时取此混合物 1.5 g,加水 10 mL 使溶解,必要时滤过,即得。

高碘酸钠试液 取高碘酸钠 1.2 g,加水 100 mL 使溶解,即得。

高锰酸钾试液 可取用高锰酸钾滴定液(0.02 mol/L)。

酒石酸氢钠试液 取酒石酸氢钠 1 g,加水使溶解成 10 mL,即得。本液应临用新制。

硅钨酸试液 取硅钨酸 10 g,加水使溶解成 100 mL,即得。

铜吡啶试液 取硫酸铜 4 g,加水 90 mL 溶解后,加吡啶 30 mL,即得。本液应临用新制。

铬酸钾试液 取铬酸钾 5 g,加水使溶解成 100 mL,即得。

联吡啶试液 取 2,2′-联吡啶 0.2 g、醋酸钠结晶 1 g 与冰醋酸 5.5 mL,加水适量使溶解成 100 mL,即得。

硝酸亚汞试液 取硝酸亚汞 15 g,加水 90 mL 与稀硝酸 10 mL 使溶解,即得。本液应置棕色瓶内,加汞 1 滴,密塞保存。

硝酸亚铈试液 取硝酸亚铈 0.22 g,加水 50 mL 使溶解,加硝酸 0.1 mL 与盐酸羟胺 50 mg,加水稀释至 1 000 mL,摇匀,即得。

硝酸汞试液 取黄氧化汞 40 g,加硝酸 32 mL 与水 15 mL 使溶解,即得。本液应置玻璃塞瓶内,在暗处保存。

硝酸钡试液 取硝酸钡 6.5 g,加水使溶解成 100 mL,即得。

硝酸铈铵试液 取硝酸铈铵 25 g,加稀硝酸使溶解成 100 mL,即得。

硝酸银试液 可取用硝酸银滴定液(0.1 mol/L)。

硫化氢试液 本液为硫化氢的饱和水溶液。

本液应置棕色瓶内,在暗处保存。本液如无明显的硫化氢臭,或与等容的三氯化铁试液混合时不能生成大量的硫沉淀,即不适用。

硫化钠试液 取硫化钠 1 g,加水使溶解成 10 mL,即得。本液应临用新制。

硫化铵试液 取氨试液 60 mL,通硫化氢使饱和后,再加氨试液 40 mL,即得。

本液应置棕色瓶内,在暗处保存,本液如发生大量的硫沉淀,即不适用。

硫代乙酰胺试液 取硫代乙酰胺 4 g,加水使溶解成 100 mL,置冰箱中保存。临用前取混合液(由 1 mol/L 氢氧化钠溶液 15 mL、水 5.0 mL 及甘油 20 mL 组成)15.0 mL,加上述硫代乙酰胺溶液 1.0 mL,置水浴上加热 20 s,冷却,立即使用。

硫代硫酸钠试液 可取用硫代硫酸钠滴定液(0.1 mol/L)。

硫氰酸汞铵试液 取硫氰酸铵 5 g 与二氯化汞 4.5 g,加水使溶解成 100 mL,即得。

硫氰酸铵试液 取硫氰酸铵 8 g,加水使溶解成 100 mL,即得。

硫氰酸铬铵试液 取硫氰酸铬铵 0.5 g,加水 20 mL,振摇 1 h 后,滤过,即得。本液应临用新制。配成后 48 h 内使用。

硫酸亚铁试液 取硫酸亚铁结晶 8 g,加新沸过的冷水 100 mL 使溶解,即得。本液应临用新制。

硫酸汞试液 取黄氧化汞 5 g,加水 40 mL 后,缓缓加硫酸 20 mL,随加随搅拌,再加水

40 mL,搅拌使溶解,即得。

硫酸苯肼试液 取盐酸苯肼 60 mg,加硫酸溶液(1→2)100 mL 使溶解,即得。

硫酸钙试液 本液为硫酸钙的饱和水溶液。

硫酸钛试液 取二氧化钛 0.1 g,加硫酸 100 mL,加热使溶解,放冷,即得。

硫酸钾试液 取硫酸钾 1 g,加水使溶解成 100 mL,即得。

硫酸铜试液 取硫酸铜 12.5 g,加水使溶解成 100 mL,即得。

硫酸铜铵试液 取硫酸铜试液适量,缓缓滴加氨试液,至初生成的沉淀将近完全溶解,静置,倾取上层的清液,即得。本液应临用新制。

硫酸镁试液 取未风化的硫酸镁结晶 12 g,加水使溶解成 100 mL,即得。

稀硫酸镁试液 取硫酸镁 2.3 g,加水使溶解成 100 mL,即得。

氰化钾试液 取氰化钾 10 g,加水使溶解成 100 mL,即得。

氯试液 本液为氯的饱和水溶液。本液应临用新制。

氯化三苯四氮唑试液 取氯化三苯四氮唑 1 g,加无水乙醇使溶解成 200 mL,即得。

氯化亚锡试液 取氯化亚锡 1.5 g,加水 10 mL 与少量的盐酸使溶解,即得。本液应临用新制。

氯化金试液 取氯化金 1 g,加水 35 mL 使溶解,即得。

氯化钙试液 取氯化钙 7.5 g,加水使溶解成 100 mL,即得。

氯化钡试液 取氯化钡的细粉 5 g,加水使溶解成 100 mL,即得。

氯化钴试液 取氯化钴 2 g,加盐酸 1 mL,加水溶解并稀释至 100 mL,即得。

氯铂酸试液 取氯铂酸 2.6 g,加水使溶解成 20 mL,即得。

氯化铵试液 取氯化铵 10.5 g,加水使溶解成 100 mL,即得。

氯化铵镁试液 取氯化镁 5.5 g 与氯化铵 7 g,加水 65 mL 溶解后,加氨试液 35 mL,置玻璃瓶内,放置数日后,滤过,即得。本液如显浑浊,应滤过后再用。

氯化锌碘试液 取氯化锌 20 g,加水 10 mL 使溶解,加碘化钾 2 g 溶解后,再加碘使饱和,即得。本液应置棕色玻璃瓶内保存。

氯亚氨基-2,6-二氯醌试液 取氯亚氨基-2,6-二氯醌 1 g,加乙醇 200 mL 使溶解,即得。

稀乙醇 取乙醇 529 mL,加水稀释至 1 000 mL,即得。本液在 20℃时含 C_2H_5OH 应为 49.5%~50.5%(mL/mL)。

稀盐酸 取盐酸 234 mL,加水稀释至 1 000 mL,即得。本液含 HCl 应为9.5%~10.5%。

稀硫酸 取硫酸57 mL,加水稀释至1 000 mL,即得。本液含H_2SO_4应为9.5%~10.5%。

稀硝酸 取硝酸105 mL,加水稀释至1 000 mL,即得。本液含HNO_3应为9.5%~10.5%。

稀醋酸 取冰醋酸 60 mL,加水稀释至 1 000 mL,即得。碘试液可取用碘滴定液(0.05 mol/L)。

碘化汞钾试液 取氯化汞 1.36 g,加水 60 mL 使溶解,另取碘化钾 5 g,加水 10 mL 使溶解,将两液混合,加水稀释至 100 mL,即得。

碘化铋钾试液 取次硝酸铋 0.85 g,加冰醋酸 10 mL 与水 40 mL 溶解后,加碘化钾溶液(4→10)20 mL,摇匀,即得。

稀碘化铋钾试液 取次硝酸铋 0.85 g,加冰醋酸 10 mL 与水 40 mL 溶解后,即得。临用前取 5 mL,加碘化钾溶液(4→10)5 mL,再加冰醋酸 20 mL,加水稀释至 100 mL,即得。

碘化钾试液 取碘化钾 16.5 g,加水使溶解成 100 mL,即得。本液应临用新制。

碘化钾碘试液 取碘 0.5 g 与碘化钾 1.5 g,加水 25 mL 使溶解,即得。

碘化镉试液 取碘化镉 5 g,加水使溶解成 100 mL,即得。

碘铂酸钾试液 取氯化铂 20 mg,加水 2 mL 溶解后,加 4%碘化钾溶液 25 mL,如发生沉淀,可振摇使溶解。加水使成 50 mL,摇匀,即得。

浓碘铂酸钾试液 取氯铂酸 0.15 g 与碘化钾 3 g,加水使溶解成 60 mL,即得。

溴试液 取溴 2~3 mL,置用凡士林涂塞的玻璃瓶中,加水 100 mL 振摇使成饱和的溶液,即得。本液应置暗处保存。

溴化钾溴试液 取溴 30 g 与溴化钾 30 g,加水使溶解成 100 mL,即得。

溴化氰试液 取溴试液适量,滴加 0.1 mol/L 硫氰酸铵溶液至溶液变为无色,即得。本液应临用新制,有毒。

福林试液 取钨酸钠 10 g 与钼酸钠 2.5 g,加水 70 mL,85%磷酸 5 mL 与盐酸 10 mL,置 200 mL 烧瓶中,缓缓加热回流 10 h,放冷,再加硫酸锂 15 g、水 5 mL 与溴滴定液 1 滴煮沸约 15 min,至溴除尽,放冷至室温,加水使成 100 mL。滤过,滤液作为贮备液。置棕色瓶中,于冰箱中保存。临用前,取贮备液 2.5 mL,加水稀释至 10 mL,摇匀,即得。

酸性茜素锆试液 取茜素磺酸钠 70 mg,加水 50 mL 溶解后,缓缓加入 0.6%二氯化氧锆($ZrOCl_2 \cdot 8H_2O$)溶液 50 mL 中,用混合酸溶液(每 1 000 mL 中含盐酸 123 mL 与硫酸 40 mL)稀释至 1 000 mL,放置 1 h,即得。

酸性硫酸铁铵试液 取硫酸铁铵 20 g 与硫酸 9.4 mL,加水至 100 mL,即得。

酸性氯化亚锡试液 取氯化亚锡 20 g,加盐酸使溶解成 50 mL,滤过,即得。本液配成后 3 个月即不适用。

碱式醋酸铅试液 取一氧化铅 14 g,加水 10 mL,研磨成糊状,用水 10 mL 洗入玻璃瓶中,加含醋酸铅 22 g 的水溶液 70 mL,用力振摇 5 min 后,时时振摇,放置 7 日,滤过,加新沸过的冷水使成 100 mL,即得。

稀碱式醋酸铅试液 取碱式醋酸铅试液 4 mL,加新沸过的冷水使成 100 mL,即得。

蒽酮试液 取蒽酮 0.7 g,加硫酸 50 mL 使溶解,再以硫酸溶液(70→100)稀释至500 mL。

碱性三硝基苯酚试液 取 1%三硝基苯酚溶液 20 mL,加 5%氢氧化钠溶液 10 mL,加水稀释至 100 mL,即得。本液应临用新制。

碱性四氮唑蓝试液 取 0.2%四氮唑蓝的甲醇溶液 10 mL 与 12%氢氧化钠的甲醇溶液 30 mL,临用时混合,即得。

碱性亚硝基铁氰化钠试液 取亚硝基铁氰化钠与碳酸钠各 1 g,加水使溶解成 100 mL,即得。

碱性连二亚硫酸钠试液 取连二亚硫酸钠 50 g,加水 250 mL 使溶解,加含氢氧化钾 28.57 g 的水溶液 40 mL,混合,即得。本液应临用新制。

碱性枸橼酸铜试液

(1)取硫酸铜结晶 17.3 g 与枸橼酸 115.0 g,加温热的水使溶解成 200 mL。

(2)取在 180 ℃干燥 2 h 的无水碳酸钠 185.3 g,加水使溶解成 500 mL。

临用前取(2)液 50 mL,在不断振摇下,缓缓加入(1)液 20 mL 内,冷却后,加水稀释至 100 mL,即得。

碱性酒石酸铜试液

(1)取硫酸铜结晶 6.93 g,加水使溶解成 100 mL。

(2)取酒石酸钾钠结晶 34.6 g 与氢氧化钠 10 g,加水使溶解成 100 mL。

用时将两液等量混合,即得。

碱性 β-萘酚试液 取 β-萘酚 0.25 g,加氢氧化钠溶液(1→10)10 mL 使溶解,即得。本液应临用新制。

碱性焦性没食子酸试液 取焦性没食子酸 0.5 g,加水 2 mL 溶解后,加氢氧化钾 12 g 的水溶液 8 mL,摇匀,即得。本液应临用新制。

碱性碘化汞钾试液 取碘化钾 10 g,加水 10 mL 溶解后,缓缓加入氯化汞的饱和水溶液,随加随搅拌,至生成的红色沉淀不再溶解,加氢氧化钾 30 g,溶解后,再加氯化汞的饱和水溶液 1 mL 或 1 mL 以上,并用适量的水稀释使成 200 mL,静置,使沉淀,即得。用时倾取上层的澄明液。

〔**检查**〕 取本液 2 mL,加入含氨 0.05 mg 的水 50 mL 中,应即时显黄棕色。

碳酸钠试液 取一水合碳酸钠 12.5 g 或无水碳酸钠 10.5 g,加水使溶解成 100 mL,即得。

碳酸氢钠试液 取碳酸氢钠 5 g,加水使溶解成 100 mL,即得。

碳酸钾试液 取无水碳酸钾 7 g,加水使溶解成 100 mL,即得。

碳酸铵试液 取碳酸铵 20 g 与氨试液 20 mL,加水使溶解成 100 mL,即得。

醋酸汞试液 取醋酸汞 5 g,研细,加温热的冰醋酸使溶解成 100 mL,即得,本液应置棕色瓶内,密闭保存。

醋酸钠试液 取醋酸钠结晶 13.6 g,加水使溶解成 100 mL,即得。

醋酸钠-氢氧化钠试液 取醋酸钠 10.3 g,氢氧化钠 86.5 g,加水溶解并稀释至1 000 mL。

醋酸钴试液 取醋酸钴 0.1 g,加甲醇使溶解成 100 mL,即得。

醋酸钾试液 取醋酸钾 10 g,加水使溶解成 100 mL,即得。

醋酸氧铀锌试液 取醋酸氧铀 10 g,加冰醋酸 5 mL 与水 50 mL,微热使溶解,另取醋酸锌 30 g,加冰醋酸 3 mL 与水 30 mL,微热使溶解,将两液混合,放冷,滤过,即得。

醋酸铅试液 取醋酸铅 10 g,加新沸过的冷水溶解后,滴加醋酸使溶液澄清,再加新沸过的冷水使成 100 mL,即得。

醋酸铵试液 取醋酸铵 10 g,加水使溶解成 100 mL,即得。

醋酸铜试液 取醋酸铜 0.1 g,加水 5 mL 与醋酸数滴溶解后,加水稀释至 100 mL,滤过,即得。

浓醋酸铜试液 取醋酸铜 13.3 g,加水 195 mL 与醋酸 5 mL 使溶解,即得。

靛胭脂试液 取靛胭脂,加硫酸 12 mL 与水 80 mL 的混合液,使溶解成每 100 mL 中含 $C_{16}H_8N_2O_2(SO_3Na)_2$ 0.09～0.11 g,即得。

磺胺试液 取磺胺 50 mg,加 2 mol/L 盐酸溶液 10 mL 使溶解,即得。

磺基丁二酸钠二辛酯试液 取磺基丁二酸钠二辛酯 0.9 g,加水 50 mL,微温使溶解,冷却至室温后，加水稀释至 200 mL，即得。

磷试液 取对甲氨基苯酚硫酸盐 0.2 g，加水 100 mL 使溶解后，加焦亚硫酸钠 20 g，溶解，即得。本液应置棕色具塞玻璃瓶中保存，配制后两周即不适用。

磷钨酸试液 取磷钨酸 1 g，加水使溶解成 100 mL，即得。

磷钨酸钼试液 取钨酸钠 10 g 与磷钼酸 2.4 g，加水 70 mL 与磷酸 5 mL，回流煮沸 2 h，放冷，加水稀释至 100 mL，摇匀，即得。本液应置玻璃瓶内，在暗处保存。

磷酸氢二钠试液 取磷酸氢二钠结晶 12 g，加水使溶解成 100 mL，即得。

鞣酸试液 取鞣酸 1 g，加乙醇 1 mL，加水溶解并稀释至 100 mL，即得。本液应临用时新制。

附录二　试液

《中华人民共和国药典》(第二部,2010 年版)

［修订］

次氯酸钠试液　取次氯酸钠溶液适量,加水制成含 NaClO 不少于 4%的溶液,即得。

三氯醋酸试液　取三氯醋酸 6 g,加三氯甲烷 25 mL 溶解后,加浓过氧化氢溶液 0.5 mL,摇匀,即得。

甘油醋酸试液　取甘油、50%醋酸溶液与水各 1 份,混合,即得。

血红蛋白试液　取牛血红蛋白 1 g,加盐酸溶液(取 1 mol/L 盐酸溶液 65 mL,加水至 1 000 mL)使溶解成 100 mL,即得。本液置冰箱中保存,两日内使用。

品红亚硫酸试液　取碱性品红 0.2 g,加热水 100 mL 溶解后,放冷,加 10%亚硫酸钠溶液 20 mL、盐酸 2 mL,用水稀释至 200 mL,加活性炭 0.1 g,搅拌并迅速滤过,放置 1 h 以上,即得。本液应临用新制。

品红焦性没食子酸试液　取碱性品红 0.1 g,加新沸的热水 50 mL 溶解后,冷却,加亚硫酸氢钠饱和溶液 2 mL,放置 3 h 后,加盐酸 0.9 mL,放置过夜,加焦性没食子酸0.1 g,振摇使溶解,加水稀释至 100 mL,即得。

氢氧化钙试液　取氢氧化钙 3 g,加水 1 000 mL,密塞,时时猛力振摇,放置 1 h,即得。用时倾取上清液。

碱性枸橼酸铜试液

(1)取硫酸铜 17.3 g 与枸橼酸 115.0 g,加微温或温水使溶解成 200 mL。

(2)取在 180℃干燥 2 h 的无水碳酸钠 185.3 g,加水使溶解成 500 mL。

临用前取(2)液 50 mL,在不断振摇下,缓缓加入(1)液 20 mL 内,冷却后,加水稀释至 100 mL,即得。

［增订］

六氰铬铁氢钾试液　取六氰铬铁氢钾 5 g,用少量水洗涤后,加适量水溶解,加水至 100 mL,即得。本液应临用新制。

甘油淀粉润滑剂　取甘油 22 g,加入可溶性淀粉 9 g,加热至 140℃,保持 30 min 并不断搅拌,放冷,即得。

硫酸铁试液　称取硫酸铁 5 g,加适量水溶解,加硫酸 20 mL,摇匀,加水稀释至 100 mL,即得。

附录三 疾病调查记录表

品名：________ 编号：________ 来源：________ 检查日期：________
全长：________ 体长：________ 体高：________ 体重：________

序号	器官	症状	病原种类及数量
1	黏液		
2	鼻孔		
3	血液		
4	鳃		
5	口腔		
6	体腔		
7	脂肪组织		
8	胃肠		
9	肝脏		
10	脾脏		
11	胆囊		
12	心脏		
13	鳔		
14	肾脏		
15	膀胱		
16	性腺		
17	眼		
18	脑		
19	脊髓		
20	肌肉		
诊断结果			
采取措施			
备注			

检查人：

附录四　50%磷酸甘油缓冲液的配法

化学纯的中性甘油不易获得，因此可用缓冲液配制成50%的中性甘油。先配成磷酸氢二钠溶液和磷酸二氢钾溶液，视原来甘油的酸碱度而用不同量的磷酸氢二钠溶液和磷酸二氢钾溶液，配成pH7.4的50%甘油液。甘油的pH值可用试纸检测。

(一)准备工作

1. 配制磷酸氢二钠溶液

方法：称取磷酸氢二钠358.24 g，加蒸馏水至1 000 mL。

2. 配制磷酸二氢钾溶液

方法：称取磷酸二氢钾136.16 g，加蒸馏水至1 000 mL。

(二)50%磷酸甘油缓冲液的配法

1. 甘油酸碱度在5.5以上的配法

磷酸氢二钠　17.5 mL

磷酸二氢钾　7.5 mL

蒸馏水　475 mL

甘油(pH5.5以上)　500 mL

2. 甘油酸碱度在5.5以下的配法

磷酸氢二钠　40 mL

磷酸二氢钾　10 mL

蒸馏水　450 mL

甘油(pH5.5以下)　500 mL

配好后分装、封口，用15磅灭菌锅灭菌30 min。

参考文献

[1]张剑英，邱兆祉，丁雪娟等.鱼类寄生虫与寄生虫病[M].北京：科学出版社，1998.

[2]黄琪琰.水产动物疾病学[M].上海：上海科学技术出版社，1993.

[3]农业部《渔药手册》编撰委员会.渔药手册[M].北京：中国科学技术出版社，1998.

[4]国家药典编委会.中华人民共和国药典(第二部，2005年版)[M].北京：化学工业出版社，2005.

[5]国家药典编委会.中华人民共和国药典(第二部，2010年版)[M].北京：中国医药科技出版社，2010.

[6]国家药典编委会.中华人民共和国药典(第二部，2020年版)[M].北京：中国医药科技出版社，2020.

[7]战文斌.水产动物病害学[M].北京：中国农业出版社，2004.

[8]林祥日.水产动物疾病防治技术[M].厦门：厦门大学出版社，2012.

[9]全国水产技术推广总站.水生物病害防治员[M].北京：中国农业出版社，2021.

[10]农业部人事劳动司.水生动物病害防治技术(上、中、下册)[M].北京：中国农业出版社，2009.

[11]胡桂学.兽医微生物学实验教程[M].北京：中国农业大学出版社，2006.

[12]执业兽医资格考试应试指南(水生动物类)编写组.2024年执业兽医资格考试应试指南(水生动物类)[M].北京：中国农业出版社，2024.

[13]全国水产技术推广总站.渔药知识手册[M].北京：中国农业出版社，2020.

[14]张学洪，张力，梁延鹏.水处理工程实验技术[M].北京：冶金工业出版社，2016.

[15]闽航.微生物学实验(实验指导分册)[M].浙江：浙江大学出版社，2005.

[16]田丽红.预防兽医学实验教程[M].哈尔滨：东北林业大学出版社，2008.

[17]陈金顶，黄青云.畜牧微生物学[M].北京：中国农业大学出版社，2016.

[18]上海水产学校.鱼病学[M].北京：中国农业大学出版社，1999.

[19]漆春一，杨萍，钱晓明.有效氯含量测试方法探讨[J].上海纺织科技，2012，38(12)：53～56.

[20]中国科学院水生生物研究所鱼病学研究室.鱼病调查手册[M].上海：上海科学技术出版社，1985.